地球的奥秘

[法]让·亨利·法布尔 著

小袋鼠工作室 编译

黑龙江科学技术出版社

图书在版编目（CIP）数据

地球的奥秘／（法）让·亨利·法布尔著；小袋鼠
工作室编译.—哈尔滨：黑龙江科学技术出版社，
2019.3
ISBN 978-7-5388-9424-0

Ⅰ.①地… Ⅱ.①让… ②小… Ⅲ.①地球—青少年
读物 Ⅳ.①P183-49

中国版本图书馆CIP数据核字（2017）第278496号

地球的奥秘

DIQIU DE AOMI

作　　者　［法］让·亨利·法布尔
编　　译　小袋鼠工作室
项目总监　薛方闻
策划编辑　孙　勃　赵　铮
责任编辑　孙　勃　宋秋颖
封面设计　新华环宇教育科技有限公司
出　　版　黑龙江科学技术出版社
　　　　　地址：哈尔滨市南岗区公安街70-2号　邮编：150001
　　　　　电话：（0451）53642106　传真：（0451）53642143
　　　　　网址：www.lkcbs.cn
发　　行　全国新华书店
印　　刷　北京市通州兴龙印刷厂
开　　本　787 mm×1092 mm　1/16
印　　张　9
彩　　插　9
字　　数　150千字
版　　次　2019年3月第1版
印　　次　2019年3月第1次印刷
书　　号　ISBN 978-7-5388-9424-0
定　　价　33.00元

目 录
Contents

第一章　我们的地球

　　著名作家圣彼得·伯南丁从小就有着十分丰富的想象力，当他看到太阳每天从东方升起又从西方落下时，他就会想：天空很可能像是一个扣在地上的巨大的碗，也可能像是一座蓝色的大拱桥，当我在天空上走路的时候，一定要非常小心才行，否则脑袋就会撞到"茫茫天幕"了。他越想越好奇，并且下定决心，一定要弄清楚这件事。这一天，他带上几块面包作为午饭就出发了。他一直向前走，走了很久，目的是要摸一下天空。但天空好像是故意躲着他，因为他往前走的时候，头上的天空就像在往后退，他和天空的距离永远是一样的，怎么也不会摸到它。最后，由于太累了，圣彼得决定放弃前进。失败之后，他还总结了其中的原因，他认为是自己太小，力气不够，所以没法走到能触碰到天空的地方。

　　各位读者在小时候也有过类似的想法吗？把脚下的大地想象成一块平坦的土地，上面有广阔的海洋和高大的山脉，同时大地上还扣着一个蓝色的圆形大碗。众所周知，天空不是扣在大地上的，不管在什么地方，天和地都是同样的距离，我们的脑袋也绝对不会撞到天空。而且如果你一直往前走，会经过平原、山脉、海洋等，但你无论如何也无法找到地球的边界。因为地球是圆的，如果沿着一个方向走，那么最后一定会回到出发的地方。

　　地球是个巨大无比的球体，在没有任何支撑点的状态下悬浮在无边无际的宇宙里。我们可以这样想：用一根细线把气球悬在半空，在气球上放一只小虫子，这只虫子在不会遇到任何阻碍的情况下向一个方向爬行，它能回到出发点吗？我们和地球的关系就像这只虫子和气球的关系，只要我们朝一个方向不停地走，就一定能回到出发点。至于天空看上去"像一座蓝色的大拱桥"这个现象，其实是由于地球表面的空气对光线进行折射而产生的。

"地球是圆的"，这个说法很容易证明。比如我们去某个地方旅行，在进入一座城市之前，假设这段路上没有任何阻碍视线的障碍物。这时，我们从远处来看这座城市，首先看到的是这座城市里最高的地方——尖塔的顶点。再继续往前走，塔的全貌和其他低一些的建筑才会逐渐被看到。所以，在我们向前走的过程中，看到的东西都是从高向低慢慢过渡的。如果地球是平的，就不会发生这种事，我们看到的会是整个塔。如图 1 所示，A、B 两个人站在和塔距离不等的地方观察塔，他们看到的都是整个塔。从另一个角度来看，如果地球是圆的，那么凸起的球面会挡住远处的物体，随着距离拉近，这些物体就会从上到下逐渐被我们看见。所以如图 2 所示，由于地球球面的阻挡，A 几乎看不见塔，B 可以看到塔的上面，C 看到的是整个塔。

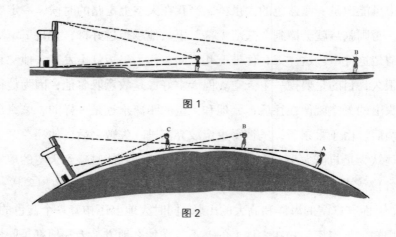

图 1

图 2

　　实际上，地球表面有很多高山、丘陵，因此我们很难找到做这个实验的场地。但是在海洋上就不同了，因为海洋是十分宽广的，而且海面上也很少有高大的障碍物。

　　当一艘船驶向港口的时候，船上的人首先看到的是港口附近最高的地方，如山顶，接下来会慢慢看到灯塔的顶点，然后才是整个灯塔。如果我们在港口看这艘船，首先看到的会是桅杆顶部，其次能看到船体中部，最后才是整艘船。当这艘船离开港口的时候，在我们的视线中首先消失的是船身，其次是船帆，最后才是整艘船，如图 3 所示。

　　此外，地平线的形状也能说明"地球是圆的"。"地平线"这个词最初的

图 3

意思是"被限定，被束缚的"，即当我们在观察远方的时候，这条线会限定我们观察的范围。

如果我们站在开阔地带，例如没有任何阻碍的平原上，那么地平线就会在观察者四周形成一个圆。这个大圆在海面上看得更加清楚，整个海面上会以这艘船为圆心出现一个大圆。如果地球是平的，那么对于地球表面的视野，只会由于我们视力的范围而受到限制。假设有一架可以看到无限距离的望远镜，那么地球上所有地方都会一览无余。但实际情况却不是这样的，不管多么强大的望远镜，都无法让我们看到地平线以外的地方。所以，地球是圆的。图 4 会让你更能了解这一点，假设在地球表面有一条垂线 OB，点 A 是一个观察点，从这里向四周看，会看到球面的哪一部分呢？这个问题很容易回答，如图，做 AK 与地球相切于 K，K 就是切线 AK 和地球表面的唯一交点。在 A 按照切线 AK 的方向观察，K 点就是能看到的最远处。同理，我们继续做切线 AP，AQ，AR，AS 等，切点分别是 P，Q，R，S，假设这样的切线和切点有无数个，当我们把所有切点连在一起后，形成的圆就是地平线。从 OB 上任意一点出发，做类似的切线，得到的结果是相同的，所以，无论从哪里看，地球都是圆的。

地球的最大周长为 4 万千米，这个巨大的数字说明了什么呢？看了下面的内容你就会明白。如果你站在一座很高的塔上向四周看，那么就会看到远处的空间，而那条地平线是那么远，这个遥远的距离永远留在你的脑海里。然而，你在这座塔上能看到的最远距离是多远呢？这要考虑到两个条件：首先是塔有多高，其次是地面是否平坦。如图 4 所示，站在 B 点显然比站在 A 点观察的距离远，即最远观察到 H 点，这也就是我们所说的"站得高看得远"。

在另一种情况下，高大的山脉会阻挡我们的视线。如果地球表面是平坦的，

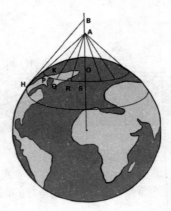

图 4

那么站在高度为 142 米的斯特拉斯堡大教堂上观察，我们看到的地平线周长大约是 40 千米。如果前面提到的那位作家有能力走到在从斯特拉斯堡大教堂上看到的地平线处，那么他需要的时间大约是一天。即使他走完了第一天，相信他也不会在第二天继续走了。再回来看我们的地球，它的周长有 1 000 个 40 千米，即使不停地绕地球走一圈大约需要 1 000 天。

你可能会说，地球表面有这么多高山、丘陵，还有海洋，它还是球形的吗？你也许会认为海洋表面是球形的，而陆地表面则不是，因为地球表面那些高峰、山谷、丘陵、平原、悬崖等使地球的形状变得不规则了。当有人问你橘子是什么形状的时候，你会毫不犹豫地回答说：是球形的。但通过仔细观察，你就会发现橘子皮表面并不光滑平整。你也许会说：这有什么，这些褶皱和整个橘子比起来可以忽略不计。同样的道理，地球这么大，地球表面不平坦的地方也完全可以忽略不计了，即使是地球上最高的山峰也是如此的，这一点可以证明。

喜马拉雅山脉上的珠穆朗玛峰是世界最高峰，海拔约为 8 844 米，这座山峰直插云霄，所占的面积也非常广阔，人类在它面前显得那样渺小。如果地球是一个直径为 2 米的圆球，把这座山峰在圆球上用同样的比例做出来，你觉得该做多大呢？结果可能吓你一跳——是一粒细沙，它的直径大约是 1.4 毫米。如此让人感到震撼的山峰，相对于整个地球来说却可以完全忽略不计。欧洲的勃朗峰高4 807 米，用刚才那粒沙子的一半就可以表示了。不用多说其他的山峰，通过这些例子，你就可以清楚地明白，即使地球表面布满了大小不一的山脉，对地球的形状也不会产生多大的影响。

那么地球是怎么悬挂在宇宙中的呢？是用链子还是支架呢？从古至今，还没有任何人在任何地方看到这样的链子或支架，他们看到的只有大地、海洋和天空。所以，地球是在没有任何支撑的情况下，存在于无边的宇宙之中的。

既然是这样，那么地球怎么不掉下来呢？首先请你思考一下，当你抬头的时候，你看到的是宇宙。如果在地球的另一端抬起头，你会看到什么？也是宇宙。不管在什么地方看，都是无边的宇宙笼罩着我们生活的地球。

现在请你回答，在哪里都是一样的空间里，地球掉落的方向是什么？假设你朝着的天空是"上"，但在地球的另一面也是天空中，那里和你所在的地方是一样的。如果你认为地球不能掉进我们头顶的天空中，那么地球怎么会掉进我们下方的天空中呢？就像我们从来不会怀疑地球会从天空中升起，同样也不需要怀疑地球会掉进天空里。

在下一章讲到物体掉落和地心引力的时候，我们还会对这个问题进行研究。现在还是让我们对这一章进行总结：地球是一个周长约为 4 万千米的球，半径的平均距离大约是 6 366 千米 [1]，它没有任何支撑地挂在宇宙中，即使地球表面很不平坦，但这也改变不了地球的形状。

---

[1] 译者注：地球的赤道半径长度约为 6 378 千米，极半径长度约为 6 357 千米。

第二章　万有引力：物体为什么会掉落

有一则叫《橡果与南瓜》的寓言故事，故事的主人公是一个叫盖洛的农民。有一天他看到巨大的南瓜长在很细的瓜秧上，他想："上帝怎么会这么做？如果我是上帝，那么我就让南瓜长在一棵橡树上，这才是完美的搭配。然而神父却说，'上帝创造的一切都是完美的'。这句话用在这里就不合适了，因为我看到果实这样生长，觉得非常别扭。"

这个问题让他十分困扰，想着想着，他就在一棵橡树下睡着了。

突然一颗橡果掉下来，正好砸在他的鼻子上。痛醒了的盖洛急忙用手摸摸自己被砸伤的鼻子，结果发现鼻子出了血。他恍然大悟地说："幸好是橡果砸到鼻子，要是南瓜从树上掉下来砸到我的鼻子上，我可就没命了！上帝果然是对的，我终于懂了！"

大家也觉得盖洛说的是对的吧。如果南瓜长在橡树上，那是多么危险啊！

在这则寓言里，掉下来的橡果让盖洛明白了"上帝是正确的"，而另外一个人却因为掉下来的苹果发现了天体运行的规律，这个人就是大科学家牛顿。牛顿从小就喜欢思考，有一次他在苹果树下休息，被树上掉下来的苹果砸中。普通人可能会把苹果捡起来吃掉，但牛顿却没有这样做，他产生了一个疑问：苹果为什么会掉下来？你可能会说，这还用问吗？苹果熟了自然会从树上掉下来啊！这个问题问得太愚蠢了！那么就请你回答一下这个问题：如果苹果树的高度和杨树一样，苹果还会掉到地面上吗？答案是肯定的。当苹果树的高度是现在的 10 倍、100 倍呢？众所周知，从山顶上扔石头，石头也会落到地面上。因此，答案还是肯定的。假设这棵苹果树长成一棵"参天大树"，有 1 000 米，甚至 10 000 米高的时候，苹果还会掉到地面上吗？和我们坐热气球一样，不管它升得多高，你从上面往下扔东西，东西仍然会落到地面上，因此这个问题的答案也是肯定的。事实情况是，上升的高度越高，物体掉到地面时的瞬时速度越快。

现在我们可以肯定，就算这棵苹果树长得碰到云层，苹果还是会落到地面上。如果我们用铅球代替苹果，结果会有什么变化吗？答案是没有任何变化。现在已经确定，不管是苹果还是铅球，也不管从多高的地方扔，它们最后一定会落到地面上。

抬头仰望月亮，你会发现一个巨大的发光体悬挂在夜空中。实际上，月亮也是一个巨大的球体。如果月亮真的从空中砸下来，那么牛顿思考的问题可能是这样的：如果月亮真的从空中砸下来，并且正好砸到我们身上，这对人类来说将是一场灭顶之灾，我们生活的地球也会四分五裂，甚至被这个从天而降的大球砸得粉身碎骨。其实月亮即使掉落，也不必恐慌，就算它不断接近地球，地球也会和它保持不变的距离。你可能已经有些糊涂了，因为这两种说法是矛盾的！现在我们接着研究，找出一个合理的解释说明这个让人震惊的事实。

我们把一块石头、一个铁球、一块木头拿在手里，当我们松开手的时候，这些东西就会掉到地上。但是也有很多东西不会掉到地上，而是悬浮在空中或者向上升，比如烟雾和氢气球。这是为什么呢？手中的木头会掉到地上，但当我们潜入海里后，把手松开就会发现木头会一直向上升，直到漂浮在海面上，这是因为木头的密度小于水。在地上和在海里类似，在地上我们四周包围着大量的空气。就像前面所说的，因为烟雾等东西的密度小于周围空气的密度，所以它们会向上升，就像木头从海水里升到海面上一样。在没有大气的情况下，烟雾和气球等东西也会像铅球一样落在地面上，并且所有物体下落的速度都是一样的，即不管是什么材料的物体，只要把它们从一样的高度扔下来，那么它们会同时落到地面上。就算是100千克的铅球，它下落的速度也会和一颗花朵的种子一样。这时候，你就要怀疑了，还会不服气地说："铅球落地的速度居然和一张白纸、一颗种子、一片羽毛是一样的，简直是胡说八道！"当我们从窗口同时往外扔一张白纸和一个铅球的时候，白纸用的时间比较长，而铅球会立刻落到地面上，这个不假。然而，我需要对你们提出的问题进行仔细的思考。

铅球掉落的时间之所以比白纸掉落的时间短，这是由于大气的原因。因为这两件物体受到的大气阻力不同，所以它们降落所用的时间也不同。因为铅球质量大、横截面积小，而白纸质量小、面积大，所以在落地的过程中铅球受到的阻力要远远小于白纸受到的阻力，因而铅球比白纸先落地。现在我们再来考虑一个问题：有速度一样的强壮和瘦弱的两个人，他们比赛谁先穿过茂密的矮树丛，谁会取得最后的胜利呢？是可以轻松拨开树丛的强壮选手，还是要费一番力气才能清除障碍的瘦弱选手呢？答案是肯定的，当然是强壮的选手会取得胜利。同样的道理，"强壮的"铅球会更容易战胜大气的阻碍，比"瘦弱的"白纸先到达终点。

我们再来看看这场穿越树丛的比赛，如果瘦弱的选手自己不去清除阻碍，而是跟在强壮的选手身后跑，那么他也会用更短的时间到达终点吗？你会觉得，这是一定的啊！现在我们再拿一张白纸和一个铅球，把白纸贴在铅球后面往下扔，那么它们就会同时落地了。我们也可以拿出一枚硬币，再剪出一张和硬币一样大的纸片，然后把纸片粘在硬币上。在同一高度将它们同时扔出，它们也会同时落在地上。而且不管高度怎样，这个结果是不会改变的。

由于硬币在前，所以不能说硬币推动白纸下降。在相同的高度把它们扔下来，如果最后落地的时间是一样的，那么可以说明它们的速度是相同的。我们就得到这样一个结论：如果没有空气的阻力，所有物体降落的速度都是相同的。刚才我们还觉得不可思议的现象，在这时候都变成不可怀疑的真理了。所以我想对大家说，在对一件事情提出怀疑之前，要先思考一下，因为很多事情我们都觉得不可思议，但思考过后才发现其中的道理十分简单。

物体在落地后，由于地面的阻碍，它们不会继续下落。但假设这个物体掉进一个可以无限延伸的深井里，它会掉到什么地方去呢？下面我们就来研究这个问题。

把一根线系在一颗子弹上，这样就做成了一个简易铅锤。拿住线的另外一头，让铅锤自然落下，经过一阵摇摆之后，铅锤摇摆的速度逐渐慢下来，最后完全静止不动。很明显的是，线不能阻止子弹下落，但只要按照和子弹下坠相反的方向拉紧绳子，子弹就能够保持静止。如果在水面上做这个实验，结果会更加明显，你会发现线和水面之间形成了一个直角。我们把这个静止的水面称为水平面。

在生活中，垂直线可以用在很多重要领域里，特别是建筑行业。在建造楼房的时候，工人们如果没有做好确认垂直工作就开始施工，那么这栋房子肯定不会稳固。如果你想知道某栋房子的房角是否绝对垂直于地面，那么你可以在手里拿着一个铅锤站在房角处，放下铅锤，如果房角或边线完全和铅锤上的垂线上下平行一致，就说明这栋房子是合格的，否则就是一栋劣质建筑。

我们已经知道，物体下落的方向是垂直于静止水平面的，如果用海洋代替这个水平面呢？由于地球是一个球形，所以海洋表面也是球面的，并且海平面按照地球的球面形成一个圆弧面。不管是什么水面，事实上都是球面的一部分，由于它们的面积太小，它们的弧度就可以忽略不计了，可以把它们当作一个水平的平面。如果物体在平面的海面上和球面的海面上都是垂直落入水中的，那么我们会得到一个怎样的结论呢？如图 5 所示，假设地球是一个以 O 点为中心的球形，三条直线 a，b，c 分别和地球表面垂直，它们的延长线相交于 O 点。再来看另一条直线 d，它不和地球表面垂直，然后也朝着一个方向延伸，那么它的延长线就不会通过 O 点。我们都知道，物体落入水面后，会一直向地球的中心垂直掉落，不会沿 d 线掉落。

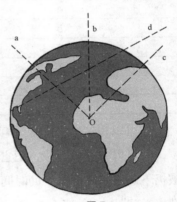

图 5

这个吸引着物体的中心点是什么呢？在这里是否有一个磁力超强的磁铁吸引着一切物体呢？事实上，还没有任何一种磁体可以吸引所有材质的物体。虽然我们还不知道那一点是什么，但可以肯定那不是某个神秘物体。如果一个物体落向地面，那是由于地球的吸引力。这种力量在地球上任意一点都是均衡存在的，不管你在哪个半球，也不管你在地表还是地下，这种力量都会一直往地球中心吸引着你。

有一辆由两匹马拉的马车，当马夫只给左边的马套缰绳，马车前进的方向就会逐渐向左偏离；如果马夫只给右边的马套缰绳，那么马车偏离的方向就会相反。只有同时给这两匹马套缰绳，马车才会一直向前。同样的道理，如果把地球平均分成两半，左边半球引力会使物体向左半球掉落；右边半球引力会使物体向右半球掉落。当我们把两个半球合在一起，物体就会落向地球中心。由此可知，并不是由于什么东西的吸引物体才会落向地球中心，而是由于地球中心对称性的安排。

一秒是非常短暂的，通过实验可知，一个物体在第一秒下落了 4.9 米。随着物体的继续下落，它的速度会逐渐加快。在自由下落的过程中，时间和距离的关系见表 1。

这里需要注意的是，4=2×2，9=3×3，16=4×4，25=5×5。

同样的道理，如果你想知道在某一时间内某个物体掉落的距离是多少米，就可以用相应时间的平方再乘以 4.9。

表 1　物体下落时间与距离关系表

下落时间 / 秒	下落距离 / 米
1	1 × 4.9
2	4 × 4.9
3	9 × 4.9
4	16 × 4.9
5	25 × 4.9
6	36 × 4.9
7	49 × 4.9
8	64 × 4.9
…	…

你可以用这个规则进行有趣的实验。如果你想知道高塔、悬崖或者深井的高度，就可以拿一块石头，把它从塔顶、悬崖边或者井边扔下去，然后记下石头从被扔下到落到底部需要的时间，这样就可以算出你想得到的数据了。例如你测量到的时间是 6 秒，那么 6×6×4.9=176.4，即被测物的高度（深度）大约是 176.4 米。

第三章　地球对月球的吸引——月球围绕地球旋转的秘密

　　地球对月球有着巨大的牵引力，这个问题引起了科学家们的兴趣。假设现在山上有一门大炮，炮筒沿着水平方向瞄准。如图 6 所示，这门大炮瞄准的方向是CA，如果射出炮弹，那么被打中的地方应该是 A 点。然而实际情况却不是这样，炮弹运行的轨迹是曲线 CBD，而不是直线 CA，炮弹打中的目标是 A 点下方的 D 点。之所以会造成这种情况，和炮手的射击技术没有关系。即使炮手有着超强的射击技术，他还是不能打到正对着炮筒的目标，打中的地方始终会低一点。所以，想要打中图中的 A 点，就需要瞄准 A 点的上方。

图6

　　为什么炮弹打出去后运行的轨迹不是直线而是曲线呢？是这样的，炮弹发射后，从离开炮筒的瞬间就会因失去支撑力而下降，虽然在最初的瞬间炮弹还能保持水平运动的趋势，但在地球引力的作用下，它会不断下降直到落地。这就是炮弹的运行轨迹是曲线的原因。另外，在一个特定的时间里，手里掉落的炮弹和发射出去的炮弹相比，它们虽然在水平方向上的距离差距比较大，但在竖直方向上的距离是一样的。如果炮弹发出 3 秒后打中目标，根据上一章的表格我们可以知道炮弹下落的距离是 9×4.9＝44.1 米。假设地球引力消失，那么炮弹沿直线运行打中的点 A 和实际打中的点 D 之间的距离是 44.1 米。当炮弹从点 C 到达点 D 需要 2 秒钟的情况下，AD 之间的距离是 4×4.9＝19.6 米；同理，当炮弹从点 C 到达点 D 需要 1 秒钟的情况下，AD 之间的距离是 4.9 米。所以会有如下结论：无论是运动还是静止的物体，受到地球的引力都是一样的。

还有一件值得我们关注的事，就是物体如何围绕固定的点做圆周运动。

在收获的季节，很多地方会用骡子来打稻谷。首先在打谷场中央安置一个槽轮，一个人牵着缰绳，缰绳的另一端拴着干活的骡子，然后这个人就用吆喝和鞭打的方式让它干活。有时候为了防止骡子眩晕，还要用布把它的眼睛蒙住。这时你会发现，骡子的运动轨迹是一个圆形，这是由于缰绳的引导才让骡子不会偏离轨迹。要是不用缰绳控制会怎样呢？在这种情况下，骡子会在人的驱赶下一直按照直线前进。

再拿一根绳子，在绳子的一端系上一块石头，然后抓住绳子的另一端飞快旋转。这时我们会发现石头的运行轨迹也是圆形的，很明显是因为有了绳子的牵引。当绳子断了或是没有系紧石头，石头会飞出去。此外还有一种叫"投石器"的机器。它们都说明了这样一个事实：物体不能自己引导自己以某点为圆心做圆周运动，这需要绳索之类的物品帮助。同时也说明，施加在正在进行圆周 运动物体上的力一旦减少或消失，那么物体会摆脱牵引向外飞出。

手里拉着石头旋转和月球绕着地球旋转的道理相同，月球围绕地球做圆周运动的轨道叫作月球的运行轨道。如图 7 所示，点 T 表示地球中心点，外面的圆圈表示月球的运行轨道。如果月球沿着运行轨道来到 L 点，这肯定是由于某种力量的牵引。这和炮弹从炮筒里射出一样。当来自轨道中心的力消失后，月球运行的方向就会是直线 LA 了，就如图 6 所示的笔直瞄准线。现在我们用直线 TA 表示在地球表面的一面非常高的墙。如果月球按照运行轨道运动，那么它不可能到达 A 点——在 L 点瞄准 A 点，然而在 TA 上却通过较低的点 B。月球并没有按照直线 LA 运行，而是按照曲线 LB 运行，也就是说月球和炮弹的运行原理是一样的。

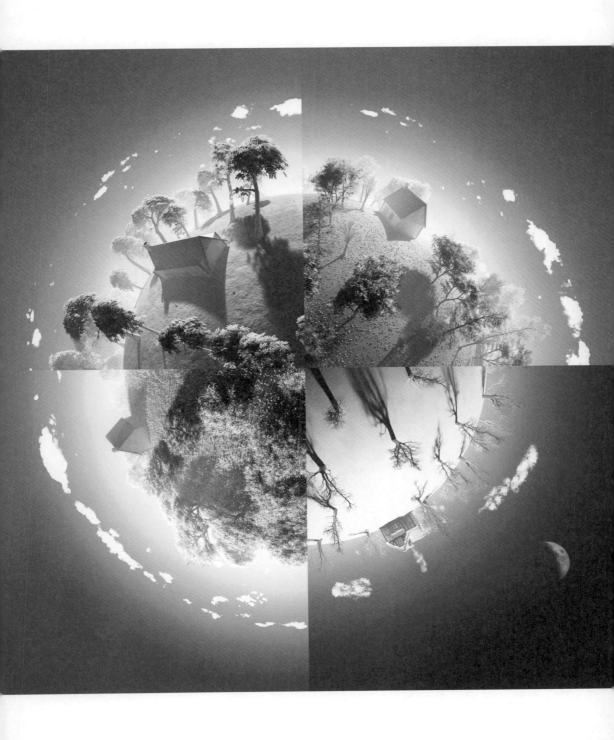

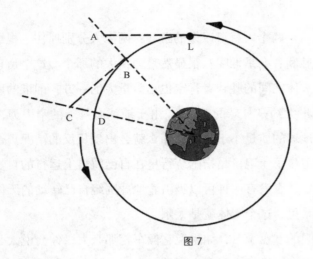

图 7

在地球引力的作用下，月球从 L 点出发后到达假设的墙 TA 并且下落，用线段 AB 表示这段下落的距离。由于月球本身具有惯性，月球到达 B 点后，如果失去了地球引力的作用，那么月球就会像用投石器发射出的石头一样飞出轨道。当月球被控制着它沿轨道运行的投石器发射出去，它就会沿直线运行，直到想象中那面墙上的 C 点。但是地球引力永远不会消失，所以月球也会永远沿着曲线运行。由于地球引力不断向内拉动月球，它无法在自身推动力的作用下沿直线运行，所以月球要围着地球做圆周运动。同时，月球下降的高度永远不变，所以月球和地球的距离也会保持不变。

实际上科学数据表明，月球沿着椭圆形的轨道围绕地球运行，而并非是圆形的。潮汐也是由于月球围绕地球运行引起的。

在地球引力的作用下，月球在特定的轨道上运行，但月球也在努力摆脱地球的束缚。地球对月球的吸引力和缰绳拉着骡子及绳子拉着石头的力是一样的，这种吸引力导致月球的运行轨道是弯曲的，并持续不断地把月球往地球方向拉，它对炮弹运行轨迹产生影响，导致击中的地方低于瞄准点。

地球引力的影响非常大，它吸引着周围的一切天体。然而其他天体也有这种力，比如月球也会把周围的天体拉向自己。不管距离有多远，月球都会有这种吸引力的存在，尤其是对于我们生活的地球。所以，月球和地球是相互吸引的，这两种力量互相冲突，但很明显力量小的被力量强大的束缚住了，并且被约束在特定的运行轨道上。

接下来我们玩一个两个人就可以做的游戏：两个人分别抓住一根绳子的两端向两边拉，最后的胜利者会是谁呢？很显然是力量大的那个。这个道理运用到天体上也成立，两个天体之间的胜利者肯定也是力量大的一方，即谁的质量大谁就会胜利。地球的质量大约是月球的 81 倍，由于地球对月球的牵引力，使月球围着地球运行。如果地球的质量小于月球，那么就会出现相反的情况。这时候，地球就会变成月球的卫星了（卫星是指围绕行星在自己轨道上运行的自然或人造天体）。在整个宇宙里，有没有一种可以吸引着地球围绕自己转动的天体呢？答案是肯定的，在太阳系里，这个天体就是太阳。

天空中那个耀眼的"盘子"，如果说它像车轮那么大，你会说太夸张。这个天体的确比地球大得多，虽然它看上去不是很大。为什么太阳看上去不大？这是因为它距离我们非常遥远。如果你非要知道有多远，那么科学家会告诉你，这个距离至少是 14 959 万千米。看到这个数字，你肯定不会有什么概念，还是举一个简单的例子吧！你一定坐过火车，假如这列火车的行驶速度为每小时 60 千米，那么它用一天的时间可以穿越法国。如果这列火车从地球驶向太阳，那么它需要行驶 285 年的时间。就算驾驶当今最快的列车，和去太阳旅行比起来，都显得比蜗牛爬行还慢。

经过科学家的计算，太阳的体积大约相当于 130 万个地球，如果把太阳和地球放在一起比较，你就会觉得这简直就是一头鲸和一条小鱼。

这么说你可能还是没有意识到太阳有多大，现在我们进行另一个实验：找一个 1 升的容器，再用 1 万个麦粒装满。这样的话 130 升的麦子大约就是 130 万粒，然后你再拿一粒麦子放在 130 升麦粒旁边。130 升麦粒代表太阳，一粒麦粒代表地球，这样你是不是明白了呢？这么悬殊的差距，是不是让你禁不住尖叫起来了呢？

不用再进行更多的实验了，你应该已经知道，和太阳比起来地球的质量是那么微不足道。所以，地球在太阳引力的作用下，不断朝着太阳运动的同时还自己运动，导致地球沿着椭圆形的轨道不断运行。地球是太阳的卫星，同时地球也有自己的卫星——月球。地球用一年的时间围绕太阳运行一圈，而一年的时间里月球则围绕地球运行 12 圈。

现在你们应该知道地球不会下落的原因了，如果在宇宙里只有地球，那么地球就不会受到任何引力，也不会向任何方向掉落。但现实情况是太阳在吸引着地球，这种力量让地球永远充满活力地围着太阳不断运行。

第四章 地球的日运动

你每天都会看到这样的现象：太阳从东方升起，用耀眼的光芒照亮天空，中午的时候到达天空正中，然后逐渐下落，最后在西边消失。你看到的星星也是这样。透过这种现象，你可能会以为天空是一个盖在地上的半圆，地球是宇宙的中心。

仅仅通过我们平时的观察，能否认为太阳和星星是围绕地球运动的呢？太阳距离我们大约有 14 959 万千米，如果它用一天的时间绕地球一圈，那么它的速度将会是每分钟大约 40 万千米！但这个数据还不是最惊人的。有一些星星比太阳还大还亮，但由于距离太远，我们就觉得它比太阳小很多、暗很多。距离地球最近的一颗恒星到地球的距离大约是地球到太阳距离的 30 万倍。如果它在一天时间里围绕地球运转一圈，那么它每分钟的速度大约是 40 万千米的 30 万倍才行。此外还有更远的星星，它们的速度简直超出了我们的想象。前面我们已经说过太阳有多么巨大，地球与之相比就是一块小石头，难道太阳在那么远的地方飞快运行的目的只是给地球提供光和热？还有成千上万颗星星，它们比太阳大得多，距离我们也比太阳远得多，它们用更加惊人的速度运转，其目的只是为了在一昼夜的时间里绕地球运转一周？这显然是不对的。

既然如此，太阳、星星等天体从地球一边升起，再从另一边落下的运动该如何解释呢？这并不难解释，这是因为地球像陀螺一样自转，把自己各部分置于太阳的光芒里。

当你坐在行驶的火车上，两旁静止的树木、房屋等好像都动了起来，而且动的方向和火车行驶的方向相反。如果火车开得不平稳，那么这种感觉会更加强烈。除此之外，你在马车上、轮船上都会有这种感觉。也就是说，在任何时候，当你坐在某种交通工具里沿着某个方向前进时，都会误以为两旁实际静止的物体在向相反方向运动。

每 24 小时，地球都会自西向东旋转一周，由于这种运动非常平稳，因此我们是无法察觉的，于是我们就会认为自己是静止不动的，而其他天体则是自东向西绕着地球运行。这和我们在火车里看到的情景一样，都是一种错觉。

地球每 24 小时自转一周，每 12 个月绕太阳公转一周，这都是由于地球自身的运动形成的。陀螺游戏就能清楚地说明这种现象，当陀螺转动起来的时候，它只是在以自己的顶部为轴旋转；如果你这时抽打陀螺，你就会发现陀螺也会在地上画出一道圆形的运行轨迹。地球的运动也是如此，地球围着地轴自转相当于陀螺以自己的顶部为轴旋转，地球绕着太阳旋转就相当于陀螺在地上沿着圆形的轨迹运行。

通过下面的实验也可以表现出地球的这种运动状态：在圆桌上点一支蜡烛，这支蜡烛就是太阳，然后你一边以脚尖为轴旋转，一边围着桌子转圈。你自己转一圈就相当于地球自转一周，围着桌子一圈就相当于地球绕着太阳运行一周。需要注意的是，在这个过程中你的头部代表地球，它的每一部分如脸颊、后脑等都是逐渐进入蜡烛的光线中再消失在黑暗里。被烛光照到的地方就是白天，没有照到的地方就是夜晚，这也是地球日夜交替的原因。由于地球同时还绕着太阳运动，于是就会产生四季的交替，我们在下一章会讲到这个问题。

下面我们再用一个实验演示地球的运动：用一根织毛衣的针穿过橘子，让橘子以这根针为轴旋转。我们把这根针称为轴线，橘子上被针穿过的两个洞称为极点。于是，我们就可以认为地轴是地球每天旋转一周所围绕的那条想象中的线，极点就是地轴穿过地球表面时经过的两个相对的点。

按照我们的经验，天空是一个空心球，地球处于这个空心球的中心。由于地球自身的运动，我们就会误以为天空从东往西运动，而地球静止不动。地球和空心球围绕着同一条轴线运动，我们举例说明这个问题。

在一个房间里有一条垂直于地面的金属线，一个橘子被这条金属线穿过，然后在橘子上放一只小虫子。当这个橘子围着金属线旋转的时候，这只小虫子是否感觉到自己也动了呢？当然没有感觉到，因为这只小虫子看到的橘子上任意一点和自己的距离都没有发生改变，所以小虫子不会发觉。与此同时，房间里的其他物体如墙壁、地板等在小虫子的眼里都发生了运动，所以它就会觉得是房子在围着金属线旋转。因此，这只小虫子被骗了。如果把这根金属线延长，一直延伸到房子的墙壁上，和房间墙壁接触的两个点在小虫子看来是不动的，而墙壁的其他部分则是进行圆周运动的。

在这里橘子代表地球，金属线代表地轴，房间代表我们四周的天空，小虫子代表观察者。观察者没有发觉自己在动，而是看到天空围着地轴按照和地球运动相反的方向运动。在这个观察者看来，天空中只有两个点是静止不动的，这就是地轴向两端延伸后和空心球接触的两个点。我们把这两个点称为天极，这两个点与地球上的南北两极是对应的。

之所以说这么多，是为了让你知道如何确定地轴，虽然现实中不存在这样的一条轴。在我们生活的北半球上，你可以观察一下空中哪颗星的位置没有发生变化。即使没有发现这样的星，你也可以观察一下哪颗星运行的圆周轨迹最小，和其他星比起来运行的距离最短。如果找到了这样的星，就可以确定北极，这颗星会沿着地轴一直延伸到北极点。在南半球也是如此，通过观察星星也可以确定南极点。只是由于地球是一个球体，当你站在北半球的时候，南极点会被地球挡住。

北极星是距离北极最近的星，由于它围着北极点运行的轨迹难以用肉眼看出，所以我们会误以为它是静止不动的。想要看到北极星也很容易，只需要在晴朗的夜里站在一块开阔的地方抬头观察星空，这时你会看到大熊星座。大熊星座由 7 颗星组成，其中 4 颗很亮的星排列成长方形，另外 3 颗星不规则地排列在长方形星群的一角上。由于大熊星座非常亮，并且形状也很特殊，所以我们会很容易在夜空中发现它。而且它距离北极星比较近，所以晚上任意时间你都能看见它。它围着天轴，位置时高时低，但在地球上会永远看见它。如图 8 所示，这就是我们说的大熊星座，4 颗星是大熊的身体，另外 3 颗星是它的尾巴。

为什么把这个星座画成一只猛兽呢？其实这完全是虚构的，因为我们不可能在空中看到这种情况出现。为了更好地观测天空中的群星，科学家们便把群星按照某种规则加以划分，然后再按照划分后的样子用各种动物或物体给它们命名。也就是说，这么做能使天文观测更加方便。所以，图 8 中这头熊就是天文学家们命名的大熊星座。

在这个范围里还有许多别的星星，但我们只标示出 7 颗比较引人注意的，然后我们把它们叫作"大熊座"。

需要注意的是，这个名字也不是很合理，因为那 3 颗星星组成的熊尾巴太长了，而我们看到的熊是没有这么长的尾巴的。所以，有时候我们也把这个星座叫作"大卫的战车"。这部战车由 4 颗长方形排布的星星组成，推车的杆子则由另外 3 颗星组成。

通过观察大熊座附近的天空，有时候你可能会发现另外一个由 7 颗星组成的星群，它们的排列方式和大熊星座相同，只

图 8

是明亮度和面积小了一些而已。这个星座也是由 4 颗星排列出一个长方形，由另外 3 颗星排列出一条尾巴。我们把这个星座叫作"小熊座"，需要注意的是，这两个星座里两只熊尾巴所指的方向是相反的。如图 8 所示，P 表示的小熊尾巴尖的那颗星就是小熊座里最亮的星。

P 代表的星就是北极星，和我们看到的其他天体自东向西运转不同，北极星在空中永远是静止的。地轴挨着北极星，当我们把地轴延长后，就会和我们想象中的天空相遇。找到大熊座后，就可以按照这个简单的方法找到北极星：从大熊头部的两颗星延伸出一条直线，一直延伸出大熊的背部，最后这条线会和比周围星星都亮的一颗星连到一起，这颗最亮的星就是我们要找的北极星。找到之后我们还可以进行检验，如果找到位于尾尖这颗星所在的小熊星座，并且是大熊座的倒像，就说明我们找的是对的。

地球两极所在的地方都是通过大熊座来命名的。大熊座对着的海洋叫作北冰洋，因为希腊语里"Arctos"的意思就是熊。在地球的另一端，也有一片海和与北冰洋相对，这就是南太平洋和南大西洋，以前人们曾把这片海叫作南极海，意思是距离大熊座最远的地方。这两极也叫作北极和南极，我们生活在北半球，所以我们距离北极比较近。

通过星的运行和地轴的位置，我们可以在罗盘上确定北、南、东、西 4 个基本方位。地轴穿过南北两个方向，星星沿着从东向西的方向运动。在任何时候，我们都可以确定东西南北四个方向。如果是白天，当我们面朝太阳升起的方向时，

第四章 地球的日运动

19

我们前后左右就分别是东西北南。如果我们面对的方向是太阳落下的地方时，那么我们前后左右就分别是西东南北了。在晴朗的夜晚，当我们面对北极星的时候，我们的前后左右就分别是北南西东。需要指出的是，在一幅地图上，一般情况是上北下南左西右东。

在看到有关地球自转这方面的内容时，你一定会对大自然中的很多问题感到疑惑不解。如果地球自转一周的时间是 24 小时，那么我们会有 12 小时的时间位于地球旋转的下端，这时我们所处的方向是和起初的方向相反的。就是一开始我们是头朝上脚朝下，然而 12 小时后，我们就会变成头朝下脚朝上了。但为什么我们没有觉得不舒服呢？而且我们也没有掉下去。

你的疑问看上去有一定的道理，正如你所说，经过 12 小时后，我们所处的位置——头和脚的位置都发生了变化。即使是这样，我们也不会有不舒服的感觉，更不会担心掉下去，这时候我们仍然是头朝上脚朝下。因为你要知道，宇宙是无边无际的，在这样的环境里"上"和"下"都不具备原本的意义了。在地球之外的任何地方，"向上"和"向下"的状态是完全相同的！只有在地球上，"上"才表示朝向天空的方向，"下"才表示朝向地面的方向。在地球引力的作用下，即使我们改变了位置，我们仍然会保持头朝上脚朝下的状态。这样我们的身体就一直直立，而我们完全感觉不到不舒服，对于地球这么大的变化也是毫无感觉的。

你可能会这样认为：如果我们坐着热气球离开地球表面，那么我们是不是就能看见地球在我们脚下旋转呢？大海、岛屿、陆地及陆地上的森林、山脉都从我们脚下飞快地掠过，用 24 小时的时间就能看到一次地球自转，这将是一次多么美妙的旅程！相比之下，其他旅行就太没意思了！当 24 小时过去后，你脚下的土地又是你原来升起的地方，这样你完全不用动，就可以看到整个世界了。

这的确是一件让人心动的事，但我要告诉你，如果你想实现这次旅行，那么你就要小心了，因为这需要非常高的高度才行。而且在地球表面还有很多高山，当其中一座山正好转到你所在的地方时，你根本没有时间躲开，在很短的时间里你的旅行就会终结。虽然地球表面上任何一个地方都是 24 小时围着地轴旋转一圈，但各个点的速度是不一样的，因为它们进行圆周运动的轨迹距离不一样。在南北两极附近的点，其运动的距离非常短，速度也非常慢，以至于让我们觉察不到它在动，而距离极点越远的地方，其运动的距离就越长。这些也可以用织毛衣的针和橘子来证明。距离两极最遥远的地点，24小时运转的距离大约是4万千米，速度约为每分钟28千米。如果我们身处法国，这里的旋转速度大约是每分钟20千米。一座高山在这样快的速度下撞上你，你还会觉得这是一次美妙的旅行吗？既然会有这么危险的事情发生，你会放弃旅行吗？即使不放弃，我也要告诉你，这种旅行是无法实现的。

　　在地球周围有一个大气层，它在地球引力的作用下围着地球运动。热气球也会在大气层的带动下运动，不可能静止不动，所以我们就不能看见地球上的景象从脚下掠过了。这就是这种旅行不可能实现的原因。你可能还在为大气层随着地表运动而觉得难过，要是它能够静止不动该有多好，那样我们就可以在高处进行这次奇妙的旅行了。真是遗憾啊！

　　各位读者，你的这番想象和一些寓言故事里的主人公想的是一样的。当大气层保持静止不动时会发生什么事呢？

　　如果大气层是静止不动的，那么地球上除两极附近外的其他地方的物体都会用巨大的力量去碰撞大气层，于是地球上就会刮起超强的大风，风速大约是每分钟28千米。迄今为止我们记录下的最大的风速大约是每分钟3千米，这样大的风能把一棵大树连根拔起，能很轻松地吹跑一堆石头，能把大部分房子都刮倒。换成每分钟28千米的大风，地球上将没有任何东西能够幸存下来，即使是高山也会被吹得摇晃不止。现在你应该知道了，大气层还是不要静止了，还是随着地球一起转动吧！

第五章　季节更替和气候变化

　　地球在太阳引力的作用下每年围着太阳转一圈，它的速度大约是每小时108 000千米，这种运动一刻也不停，而且永远在同一条轨道上。这么快的速度，让我们想想都觉得不可思议。与此同时，地球也每24小时围着地轴自转一圈，于是有了昼夜的变化。而且地球自转是有一定角度的，这个角度等于地球的地轴和地球围着太阳旋转的轨道垂线形成的夹角，这个夹角还等于赤道和地球公转轨道面之间的角（又叫作黄赤交角）。在地球公转和自转的过程中，这个角度永远保持在23° 26′不变。

　　如图9所示，地球在公转的过程中会经过ABCD四个重要的点。每年6月21日前后，地球到达A点时，北半球进入夏季；每年9月23日前后，地球到达B点时，北半球进入秋季；12月21日前后，地球到达C点时，北半球进入冬季；3月20日前后，地球到达D点时，北半球进入春季。地球在AB，BC，CD，DA之间的时候，北半球分别是夏季、秋季、冬季和春季。通过图9我们还可以知道，地轴的倾斜是永远保持同一方向的。所以，当地球公转到不同的地方时，太阳光照射到地球上的方向也不一样，这就是四季产生的原因。

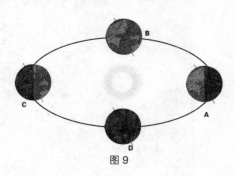

图9

6月底，在地球上的北半球，每天早上4时太阳升起，在这里照射地球的时间大约是16小时。到晚上8时，太阳开始慢慢消失在西方。正午时分，我们要向上抬起头才会看见太阳。这时的太阳是那么热、那么刺眼，它把无尽的能量传播到地球上。这时是北半球白天最长的时候，同时也是北半球黑夜最短的时候。如果再往北走，白天就会越来越长，夜晚随之越来越短。太阳会渐渐越来越早地升起，在更远的北方，太阳刚落下就会马上升起。如果在极点附近，你就会看到神奇的极昼现象。这里的太阳长达几个月时间都不会落下，即使是半夜也会看到太阳挂在空中。也就是说，这里没有夜晚，只有白天。

在南半球，当你一直往南走的时候你会发现，阳光并不是那么炙热刺眼，气候也比较温和，白天持续的时间越来越短，夜晚持续的时间越来越长。来到南极点你会发现，这里没有白天，只有夜晚。也就是说，在6月底这段时间里，南北两个半球是相反的：北半球昼长夜短而且气候炎热，南半球却昼短夜长而且气候寒冷。同时，北极点是极昼，南极点是极夜。为什么会这样呢？其中的道理很简单。

如图10所示，这是图9中A点在6月21日受到阳光照射时的情形。在这幅图里，太阳光线用平行的虚线表示。在这种比例下，太阳就是300米外一个直径大约是1.5米的圆球。在这里我们就不把太阳画出来了，你只要知道它在图10中地球的左边就可以了。

地球只能有一半处于太阳的照射之下，这一半是白天，而另一半则是夜晚。如图10所示，浅色的部分是白天，深色的部分是夜晚。根据前面所说的，我们在图10里也能清楚地看到，地球绕着地轴自转，同时地轴和公转轨道面之间有一定的角度，这就形成了夜晚与白天不均等交换的现象。在图10中我们还可以看到，地轴和黑白分界线并不重合。可以想象，自转中的地球在这个过程中，除两极之外的任意一个点都会按照圆周运动，距离极点越近，这个圆就越小。

如果你能想象出地球围着地轴自转的情形，那么下面的内容对你来说就会变得简单了。如图10所示，在地球自转一周的过程中，圈线P和北极点之间的地区会一直是白天，而不会有夜晚。我们把这个圈线P叫作北极圈。在6月21日的时候，北极圈里一整天都是白天。

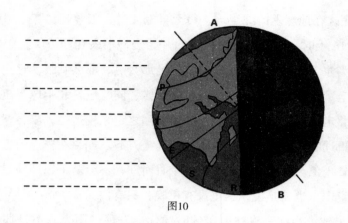

图10

　　继续观察图 10，其他地区在地球自转的过程中会怎样呢？首先来看圈线 T 上所有的点，这些点都会有白天和黑夜的交替。但我们能很清楚地看到，在这条圈线上阳光照射的长度要比没有照射的长度长，也就是说在这条圈线上所有的点经过的白天要比黑夜长。虽然在这幅图里我们没有把圈线 P 和圈线 T 之间的区域画上圈线，但我们仍然可以想象，距离北极越近，白天就越长，相应地，夜晚就越短。与此同时，越靠近圈线 E，白天就越短，相应地，夜晚就越长。通过仔细观察，你就会看出在这条线上白天和夜晚的部分是一样长的，即白天和夜晚都是 12 小时，我们把圈线 E 叫作赤道 [1]。

　　当北半球白天比夜晚长的时候，南半球是怎样的呢？通过图 10 我们也可以看出，这时候南半球白色部分逐渐减少，阴影部分逐渐增加。同理，在地球自转一周的过程中，南极点附近一整天都是夜晚，即图 10 的圈线 R 范围里，一天都是夜晚。我们把圈线 R 叫作南极圈，6 月 21 日，南极圈里一整天都是黑夜。

　　当太阳照着地球的时候，直射到地球的光线要强于斜射到地球的光线。也就是说太阳直射的地方很热，太阳斜射的地方相对来说凉爽一些。这意味着，虽然地球围着太阳公转，但太阳照射到地球上的光线在不同地方强弱也不同。所以地球上不同区域有着不同的气候，阳光直射的地方阳光强烈，这里就是夏天；阳光斜射的地方阳光比较微弱，这里就是冬天。

　　在 6 月 21 日这一天，被阳光直射的地方就是这天地球上最热的地方，大家

---

[1] 译者注：赤道把地球平均分为南北两个半球，这条线并不存在，是我们想象出来的。通过仔细观察，你就会看出在这条线上白天和夜晚的部分是一样长的，即白天和夜晚都是 12 小时。

应该还记得，把任意一条和地球表面垂直的线进行延长，那么它的延长线一定会穿过地球的中心。再看一下图 10，只有经过圈线 T 上任意一点的光线延长后才能穿过地球的中心。也就是说，只有经过圈线 T 上任意一点的光线才是直射的光线。同时，由于地球的自转，在圈线 T 上的任意一点，都会在正午的时候被太阳直射。我们把 T 这条线叫作北回归线，在 6 月 21 日这一天，北回归线上的任何地点都被阳光直射。而且除了北回归线外，在 6 月 21 日这一天，其他地区都不会被阳光直射，即任何照射到地球表面的光束的延长线都不会穿过地球中心。在其他地区，阳光都是斜射在地面上的，而且离北回归线越远，阳光斜射得越严重。气温也从北回归线向南北两侧逐渐降低。法国在北回归线和北极圈之间，这里在 6 月 21 日最接近阳光直射。在这一天，法国人几乎要在天空中最高的地方才能看到太阳。

很快，时间过去了 6 个月，12 月 22 日的时候，又会发生什么事情呢？如果在这天的正午寻找太阳，你根本不用去看天空最高的地方，这时的太阳就离我们头顶不远，而且光和热都减弱了好多。这是什么原因？难道是离地球远了，还是由于能量消耗太大？这两种猜测都不对。首先，太阳的能量还是那么巨大，依然能在相当长的时间里散发光和热。其次，太阳和我们的距离也没有变远，反而是更近了一些（由于地球公转的轨道是一个椭圆，说得专业一点，这个轨道的形状是一个有一定离心率的椭圆形，并且太阳所处的位置也不是这个椭圆形的中心。所以有时候地球和太阳的距离会近一些，这种情况在 12 月 22 日即冬至才会出现）。不知你是否注意到了，在我们半年前观察太阳的地方，在这一天，白天是那么短，太阳早上 8 时的时候才出来，下午 4 时的时候就落下了。和 6 月 21 日正好相反，这天白天只有 8 小时，夜晚却长达 16 小时。而且越靠近北方，白天的时间就越短，夜晚的时间就越长。等到了北极圈附近的时候，太阳几乎不会出来，这里正午和半夜都是漆黑一片。通过观察图 11，你会对此有更深的理解。这幅图里显示的是 12 月 22 日这天，即地球位于图 9 中 C 点处的时候，太阳照射到地球的情形。因为地球永远是斜着围绕太阳旋转，这时候太阳就从另一个方向照射地球（地球此时位于轨道的另一端，处于太阳的另一面）。这时候大家就会看到，北极圈到北极点这个范围都是黑夜，并且整个北半球的白天都比夜晚要短。

与此同时，在赤道地区阳光几乎是垂直照射在地球上，所以这里的气候十分炎热，一年四季区别不大。在赤道地区，虽然也会有昼夜长短的变化，但这种变化不是很明显。这些地方白天十分热，晚上就会变得相对凉爽一些，四季区别同样也不大。

　　到了南半球，白天比晚上时间长，在南极圈和南极点之间这个范围里，只有白天没有夜晚。

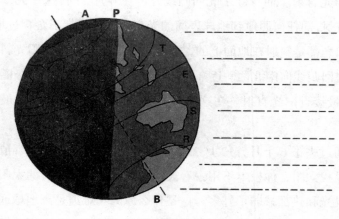

图 11

　　这时的太阳从右边照到地球上，射在圈线 S 任意一点上的光和地球表面垂直。在地球自转的过程中，正午时分圈线 S 上任意一点都会被阳光直射，并且圈线 S 南北两侧任意一点都不会被阳光直射，而是越偏离斜射就越严重。我们把 12 月 21 日这天，被太阳直射的圈线 S 叫作南回归线。

　　根据上面的内容可以概括为：6 月 21 日这一天，北半球昼长夜短，气候温暖；南半球夜长昼短，气候寒冷。12 月 22 日这一天，南半球昼长夜短，气候温暖；北半球夜长昼短，气候寒冷。

　　地球如图 9 所示一刻不停地绕着太阳从 A 点到 C 点，再从 C 点到 A 点公转。在这个过程中，白天和黑夜的分界线也不断变化，它与极点逐渐靠近或慢慢远离，它们改变着地球表面昼夜的长短和阳光照射的角度。在 9 月 23 日这天，地球公转到 A 点和 C 点之间的 B 点。这时阳光直射的地方是赤道地区，而且昼夜的分界线同时经过南北两个极点，于是这天整个地球昼夜的长度都是 12 小时。在 3 月 21 日这天，当地球公转到 D 点的时候也会如此。我们把 9 月 23 日和 3 月 21 日分别称作秋分和春分。

同时我们把 6 月 21 日和 12 月 22 日分别称为夏至和冬至。在 6 月 21 日这天，太阳到达北半球上空的最高点后高度逐渐降低，而在 12 月 22 日这天，太阳到达南半球上空的最高点后高度逐渐降低，就这样不断循环往复。需要注意的是，不管是上升还是下降，这都是表面现象，造成这种现象的原因是因为地球的地轴和公转轨道面之间有一定的角度。

根据太阳在地球表面的照射情况，我们把地球分成五带。热带在赤道附近，包含的范围是南、北回归线之间。在赤道地区，太阳几乎每天正午时分都在天空正中间。这个地区是地球上获得太阳热量最多的地区，一年四季都非常炎热。这里遍布着茂密的雨林，常年都有各式各样的热带水果，不像其他地区那样，在寒冷的冬天植物会凋零，毫无生气。在这里我们可以看到张开巨大树冠的棕榈树，树下是一片片矮小的灌木丛。还有绚丽多姿的奇花异草，它们争奇斗艳般地竞相开放，用自己的色彩装点着这个让人流连忘返的世界。这里的鸟类也有很多种，它们有着光彩夺目的羽毛，这些羽毛花样繁多、纹理奇特、质地光滑如锦缎一般，它们的色彩甚至可以和世界上最美丽的宝石相媲美。听着耳边蜂鸟的伴奏，犹如红宝石一样绚烂、绿翡翠一样碧绿、黄金一样灿烂的色彩映入眼帘。这里也是很多动物的世界，在一人多高的草丛里，隐藏着笨重的大象、凶猛的豹子，还有巨蟒和蜥蜴。

热带两侧是南温带和北温带。南温带的范围包括南极圈和南回归线之间的区域，北温带的范围包括北极圈和北回归线之间的区域。阳光永远不会直射这两个地区，而是总会有一定的倾斜，并且夏天倾斜的角度小于冬天倾斜的角度。所以，温带地区的温度不像热带地区那样高。温带地区白天的时长与距离赤道远近有关，距离赤道越近白天时长越长。

在昼长夜短的夏天，温带地区白天吸收的太阳热量不能在晚上完全消散，所以这些热量不断地积累下来，于是就造成了气温根据季节变化不断升高。而到了昼短夜长的冬天，情况就完全不一样了，这时气温是逐渐降低的。由于昼夜长短和太阳照射角度的变化，温带地区才会有一年中冷热交替的现象发生。

这种冷热交替带来四季的交替：万物复苏的春季，微风徐徐吹拂着大地，吹开了遍地的鲜花；赤日炎炎的夏季，强烈的阳光使得稻谷变得异常饱满；秋高气爽、万物成熟的秋季，一片片金黄的麦浪在田野里跳跃；寒风凛冽、万物萧瑟的冬季，所有植物都进入蛰伏期，万物开始休息，以积蓄来年重获新生的能量。虽然温带地区的物种没有热带地区丰富，但这里却是人类生存的乐土。各种农作物和动物在这里生长繁殖，人类也发展得更为迅速，进而带动了科学、艺术和工业的极大发展。

此外还有南寒带和北寒带，这两个地区的范围包括南北极点和南北极圈之间的地区。在这里，昼夜长短和阳光照射角度的变化关系最为明显。在南北极圈里，白天或夜晚的长度最长都能达到24小时。从极圈开始，一直往南或往北，夜晚或白天的时长不断变长，一直到南北两个极点，夜晚或白天的时长甚至会达到6个月。这意味着在南北两个极点，你能够在6个月的时间里无论黑夜还是白天都能见到太阳，而在另外6个月的时间里无论黑夜还是白天都不会看到太阳。也就是说，极点的一年只包括一个白天和一个黑夜。在南寒带和北寒带不同的位置，持续看到太阳的时间也不一样，有的地方是几天，有的地方是几个星期，也有的地方是几个月。由于太阳不断地照射地面，导致地面吸收了大量的热量却无法散发出去。在一些海湾，有些轮船上的焦油甚至会因为吸收太多的热量而发生自燃。

然而冬天到来的时候，这里的黑夜就会逐渐变长，最长甚至长达6个月，气温也会越来越低。有位探险家经历过这样的严寒，他说：在这种情况下，温度计里的水银柱都会被冻住。也就是说，当时的温度至少达到了-40℃，各种饮料都被冻成冰块，泼出去的水很快就会被冻成细小的冰碴，呼出的气体也会很快在鼻孔上结成霜，如果皮肤不小心碰到金属，就很有可能造成严重的伤害。向远处看去，到处是巨大的冰山，一直向远处延伸。在这个寒冷而寂静的世界里，满目都是白色的原野和挺立的冰崖。

冬天，这里很长时间不会见到太阳，白天和夜晚已经没有区别了，因为每天都是黑夜。但即使是没有太阳，在满天星光的时候，这些星星的光芒也会被地上的白雪反射。通过这细微的光芒，我们也能看到周围的东西。值得一提的是，北极的上空还会有极光这种神奇的现象。极光产生的原因是带电粒子相互撞击，它有着像烟火一样绚烂的光芒，而且色彩和形状变化万千。即使气候条件恶劣，这里仍然生活着一些顽强的居民。他们赶着雪橇，以打猎为生，猎取的动物毛皮是他们重要的交换商品。

这里居民的日常生产活动以打鱼和捕猎为主，捕猎能获得温暖的毛皮衣服，

打鱼则能获得食物。打鱼也可以获得燃料，因为他们生火做饭的主要燃料是鱼骨头和鱼类的脂肪。在这样严酷的环境下，树木几乎是不可能存活的，甚至白桦树和柳树也很难在这里活下去。然而在北拉普兰地区却有少量的灌木丛，此外还有一些大麦。再往北的一些地方，即使到了夏季，也只有少量的苔藓存活。如果继续往北，那里的冰雪常年不化，地面上根本没有植物。

第六章　地球是一个两极扁平的扁圆体

　　如图 12 所示，把一个瓶子装上半瓶水，再用一根绳子系在瓶口处，现在你把绳子像图中那样甩起来。在旋转的时候，瓶口有时会竖直朝向下边，有时也会向下倾斜，但只要你甩得够快，瓶子里的水就不会洒出来。当你的速度逐渐慢下来时，在瓶口竖直朝向下边或向下倾斜的时候，瓶子里的水就会洒出来。由此可知，在旋转的过程中，肯定是有某种力量把水紧紧地压在瓶子底部而不让水洒出来。

图 12

　　现在把一块石头用绳子系住，再按照图 12 中那样去甩动绳子。你会有这样的感觉：甩的速度越快，绳子就会被石头向外拉得越紧。如果继续加速，就有可能把绳子甩断，这时石头就会飞出去。在这个过程中，似乎有某种力量要拉着石头脱离你的手，你的手必须控制石头才能进行圆周运动。当这种力量达到一定程度的时候，绳子就会被拉断。这种以某个中心进行圆周运动的物体，会受到一种拉着它脱离圆周中心的力，我们把这种力叫作离心力。离心力和物体运动的速度成正比。在离心力的作用下，瓶子里的水被压在瓶底，就算瓶口朝下水也不会洒出来。同理，随着速度加快，离心力也越来越大，大到能把绳子拉断。

离心力趋向于扭曲沿着运行轨道旋转的球体。当这个球体由于材质的问题而经受不住离心力的拉动时，球体就会被拉成一个扁平体。下面我们用实验说明这个问题，但最重要的是怎样才能找到足够柔软的球体，这也不是什么困难的事，下面我来说一下方法。如果把油滴入水中，油会漂浮在水面上，把油滴入酒精中，油就会沉到酒精下面。这是因为油的密度小于水，而大于酒精。如果把酒精和水按照某种比例掺在一起，再滴入油，我们就会看到这滴油以一个完美的球形悬浮在酒精与水的混合物里，如图 13 所示，当然油的量要足够。

图 13

这情形很容易让我们想起地球在宇宙中的样子。假如我们用一根长针穿过油球的中心，然后再沿着一条线转动，就会有一种力带着油球进行圆周运动。随着转动速度的加快，针的运动和油球的运动开始合为一体。在油球旋转的时候你会看到，油球从长针穿过油球的两点开始向中间压缩，我们把这两点称为两极。这时油球开始变得扁平，在"赤道"方向向外膨胀，如图 14 所示。再加快球体旋转的速度，这种现象就会更加明显。但当我们用比较坚硬的固体材料做这个实验时，就不会出现上述情形，除非离心力足够大。

当球体沿着一条轴线旋转，就会发生扭曲的现象。拿地球来说，赤道附近沿着最大圆周进行运动，所以速度最快；两极附近运动的圆周最小，

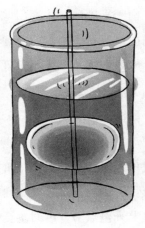

图 14

所以速度最慢。也就是说，赤道附近的离心力最大，两极附近的离心力最小。在离心力的带动下，赤道附近逐渐向外膨胀，因此地球并不是一个圆球，而是一个略有些扁的球体。

上面的油球完全由液体组成，地球当然与之不同。但地球表面大约 3/4 的面积是海洋，这广阔的海洋最能说明离心力现象。我们很容易就能明白，地球在运动的时候，海洋表面不再是圆形，而是中央膨胀的扁圆形，由于强大的离心力，海洋会老老实实地留在地球表面某个位置。

然而事实也并非都是如此，研究表明，地球的大陆也会有像海洋一样扭曲的现象发生。所以，强大的离心力把地球变成一个两端略扁、中间膨胀的扁球形。

这是一个明显的事实，下面我们来证实一下。当物体在地球引力的作用下落到地面的时候，物体距离地心远近不同，受到的引力也不同。距离地心越远，受到的引力越小；距离地心越近，受到的引力越大。牛顿之所以成为一个伟大的科学家，就是因为他发现了这种变化规律。地心到地球表面物体的距离就是地球的半径，前面我们说过，自由落体在第一秒钟下落的距离是 4.9 米。如果一个物体在与地心两倍远的距离处落向地面，那么它在第一秒钟降落的距离是 4.9 米的 1/4，即 1.225 米。当这个物体在距离地心 3 倍、4 倍、5 倍远的距离处落向地面时，那么它在第一秒钟降落的距离是 4.9 米的 1/9，1/16，1/25……牛顿发现了万有引力及其变化规律，简而言之就是：任意两个物体间都有相互的引力，引力的大小与这两个物体质量的乘积成正比，同时和它们距离的平方成反比。

由于平原地区比高山地区距离地心更近，所以在平原地区石子掉落的速度要比高山地区石子掉落的速度快。这一点虽然也可以证明出来，但由于平原和高山的高度差和地球半径相比可以忽略不计，所以这个试验很难操作。下面有一个简单的方法。

如图 15 所示，用绳子系住一个小球，再把绳子的另一端固定在 A 点，小球在摆动一段时间后就会停止，停止之后绳子会自然下垂，用 AB 表示垂直的方向。当我们在 C 点放开小球的时候，在地球引力和绳子的作用下，小球会沿着弧线 CD 运动，经过弧线 CD 的圆以点 A 为圆心。小球的运动过程是先到达点 B，然后再上升至点 D，再回落至点 B，最后又回到点 C，就这样反复若干次，每次运动距离逐渐缩短，直到空气阻力使小球停下来。

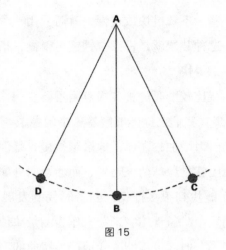

图 15

　　小球这种运动方式叫作振动，绳子和小球组成的装置叫作振摆，这种现象和地球引力有关。悬挂绳阻碍了振摆的降落，由于振摆长度不变，想要让拉动振摆的力变大，就要使摇摆速度加快。离地心越近，振摆的速度越快；离地心越远，振摆的速度就越慢。实验结果表明，同一个振摆在高处的摆动速度要低于在低处的摆动速度。所以，通过观察振摆的速度就可以知道两个地方和地心的距离是否一致，即摆动速度快的地方离地心比摆动速度慢的地方近。

　　现在我们在赤道和两极之间选几个等距的点，并且这些点都在海平线上，然后再观察振摆在一小时时间里摆动的次数。可能会出现这样的结果：在赤道上振摆在一小时内的摆动次数是 4 000 次，再往北一点就会变成 4001 次，继续往北达到 4002 次……直到极点地区，摆动的次数可能达到 4012 次。显然，在单位时间里振摆摆动的次数越多，说明它摆动的速度就越快。从上面的数据我们可以知道，振摆在赤道地区的摆动速度要低于在两极地区的摆动速度。这意味着，赤道到地心的距离大于两极到地心的距离。所以，地球一定是一个两端略扁、中央膨胀的扁球体。看起来坚硬无比的陆地，在离心力的作用下也会产生形变，就像前面泡在酒精与水的混合物里的油球一样。

　　你也可能会怀疑观察者数错了，这是不可能的。因为参与实验的人都非常细心，并且这种方法一直在使用。在靠近两极的地方，振摆摆动的次数的确是增加的。如果把实验中的振摆换成一座钟，得到的结果仍然是一样的。钟表内部有很多零件，通过这些零件的运转，指针才会不停地转动。指针转动的动力是发条，为了让钟表走得更准一些，不致过快或过慢，就需要用一个速率固定的装置来保证时钟遵守规律工作。这种装置就是钟摆，钟摆走得慢，指针也跟着走得慢；钟摆走得快，指针也跟着走得快。

我们还会发现，一些比较准时的钟在极点附近会变快，到了赤道地区就会变慢。这是什么原因呢？现在我们已经能够解答这个问题了。钟在两极地区走得快，是因为钟摆受到地球的引力增加；在赤道地区走得慢，是因为钟摆受到地球的引力减少。其中的根本原因就是地球两极略扁，而赤道向外膨胀。

除此之外，我们还能找到很多证据。随着时代的发展，测量的方法也随之不断进步。在现代的测量中，通常用"米"来作为测量单位，这些测量方法的一个共同点就是不用振摆了，但这也不能改变地球被扭曲的事实。这种扭曲的大小也可以计算出来。首先把赤道到地心的距离（即赤道地区的地球半径）平均分为300 份，极地地区的地球半径就是其中的299 份。这意味着，极地地区到地心的距离大约比赤道地区到地心的距离近20 千米。虽然这个差距很大，但对地球的形状不会产生太大影响，如果把地球缩小成一个半径是1 米的球体，那么地球仅仅扁平3 毫米而已。

精确的数字是，地球极地半径约6 357 千米，赤道半径约6 378 千米，相差约21 千米。

第七章　地球内部

在这一章里我将会带着大家看看地下的世界是什么样子的。你会有这样的疑问：在地球里面会看到什么？地球里蕴含着无数宝藏，我们能找到石缝里的金子，岩层里的铁、铜、锡吗？我们能找到光彩夺目的宝石和其他无价的珍宝吗？

今天我要带领大家看的不是这些价值连城的宝藏，而是地球的内部构造。相比之下，这些东西更值得我们去了解。在了解之后，你一定会对地球产生无比的敬仰之情。

人类在地球表面挖掘了很多矿坑，但这些矿坑底部到达地心还有很长的一段距离。就像猫在球面上的抓痕一样，这些矿坑无法对我们研究地球内部构造产生任何有意义的帮助。由于我们无法进入地球最深处，所以通过实地观察来了解地球内部构造是不可能的。于是人类研究了很多先进的仪器来了解地球，但了解到的只是地球诸多秘密中的一小部分。前面我们用绳子和小球做了一个振摆实验，这个实验的现象是小球在不同的地方摆动的速度也不一样。由此我们得出结论，离心力把地球变成一个两端略扁、中央膨胀的扁球体。现在还是用这个小球，我们可以知道是什么物质组成了地球内部。

由于地球的引力会导致小球摆动，在这个过程中，不管距离小球有多远，组成地球的每一个微粒都发挥了作用。可以这样想：如果地球的质量是现在质量的2倍、3倍、4倍，那么地球对小球的引力就会变为现在的2倍、3倍、4倍，在这种情况下，小球的摆动速度就会比现在还要快。（根据牛顿提出的万有引力定律：任意两个物体间存在引力，引力的大小和物体的质量乘积成正比，和物体间距离的平方成反比，用公式表示就是 $F=Gm_1m_2/r^2$，G 是万有引力常数。）所以，地球的质量决定了小球摆动的速度。

通过一系列复杂的计算，我们可以从小球的摆动里算出组成地球成分的质量。得到的结果：如果把组成地球的空气、水、各种矿物质均匀混合在一起，每立方分米混合物的质量大约是 5.5 千克。在这种混合物里，石头、土壤等覆盖在地球表面的物质是 2~3 千克。所以，地球内部物质的质量也是非常大的，并且这些物质具有金属性。

下面我们再来做一个实验：先在一个空瓶子里注入少量水银，再注入等量的水，最后注入等量的油，注意不要注满，要使瓶子内部留有一些空气。用塞子塞紧瓶口，然后用力摇晃瓶子，使瓶子里四种物质充分混合。停止摇晃瓶子，瓶子里的物质会慢慢分开。水银的密度最大，所以它会沉入瓶子底部，上面一层是水，水上面是油，最上面的物质是空气。所以，把由不同物质组成的混合物放置一段时间后，它们会逐渐分出层次。

一条定律不复杂不能说明这条定律不重要，往往通过简单的实验就能得出重要的结论。上面我们做的这个实验就能表明组成地球的物质是如何排列的：最外层是较轻的大气层，然后是覆盖地球表面大约四分之三的海洋，接下来是坚实厚重的土壤，最后才是地球内部的物质。正如振摆实验得到的结论：地球内部物质的质量大于地球表面物质的质量，并且离地心越近的物质质量就越大。

这个实验里用到的材料都是具有流动性的，得到的结论能适用于坚硬的岩石和地球内部各种矿物质吗？怎么得出地球内部物质的质量大于地球表面物质的质量这个结论的？能用实验中的方法解释吗？组成地球的物质在最初的时候是液态的吗？地球最初是一个熔化了各种矿物质的火炉吗？面对这些问题，我们只能继续进行探索了。

四季变化只会在地球表面发生，即使是在地下很浅的地方，那里夏季和冬季的温度也是一样的。在地球表面从夏天到冬天这个过程中，气温下降的幅度会从 20℃到 40℃不等，有的地方温度下降得更多，但在地下 20 米的地方，全年的温度保持不变。这个地方的温度就是地球表面夏天和冬天温度的平均值，即该地区全年的平均温度。

我们说的某地区平均温度，就是把这一地区全年从太阳获取的热量加在一起，然后平均分成 365 份，这样每天的温度都是一样的。比如法国南部地区的平均温度是 14~15℃，法国北部地区的平均温度是 10~11℃。假如你想知道某个地区的平均温度，就可以测量这个地方地下 20 米处的温度，得到的数据就是这个地区的地表平均温度。

如果我们继续往下测量，你就会知道，每下降 20~30 米，温度就会升高 1℃。在地球上任何地方，深度增加后温度也一定随着升高。不同的是，在不同的地方升高 1℃ 所需要下降的深度不一样，造成这种不同的原因是土壤成分的不同。下面是几个典型例子。

在英国的康沃尔有一个叫多尔蔻驰的深矿井，矿井附近的地表温度是 10℃，矿井以下 421 米的地方的温度是 24℃。也就是说，每下降 30 米，温度就随之增加 1℃。在纽卡斯尔还有一个油井，在井下 483 米的地方，温度比地表温度高 14℃。也就是说，这个地区每下降 34 米，温度就随之增加 1℃。到了英国的诺森伯兰郡，每下降 24 米温度增加 1℃。在波希米亚地区还有一个深度达 1151 米的矿井，这里温度常年保持在 40℃ 左右，但这样的温度工人是不可能坚持工作的。即使到了夏天，这里的地表温度也不会达到 40℃，这个数字只有在热带地区才会出现。所以，当地球表面正处于寒风凛冽之中的时候，这里地下几千米的地方却仍然保持着令人难以忍受的高温。在托斯卡纳的蒙特马西地区有一个温度更高的矿坑，虽然这里的深度不如波希米亚地区那个矿坑深，但在这个矿坑 370 米深的地方温度就达到了 42℃。通过这么多的案例，我们可以得出结论：地球的内部就是一个巨大的高温熔炉。

当我们用钻孔机打洞的时候，钻孔机上的钻头可以轻松地穿透土壤和地下的岩层，一直到地下的细流和暗河，当地下暗流喷涌而出的时候，我们可以明显感觉到一股热量。

在法国的格勒奈尔地区有一个深度为 547 米的喷井，从里面喷出的水的温度可以达到 28℃，而附近的普通井水温度只有 10℃，即这一地区的平均温度大约是 10℃。这意味着在地下 547 米的地方，温度升高了 18℃，也就是说，这里每下降 30 米，温度就升高 1℃。帕西喷井深度是 586 米，喷出的水温同样是 28℃。威斯特伐利亚的纽斯温柯喷井深度是 622 米，喷出的水温达 32℃。在法国和卢森堡之间有一口蒙德福喷井，它的深度是 700 米，喷出的水温是 35℃。在符腾堡的纽芬井，它的深度是 385 米，而这里的水温竟然高达 39℃。这些事实都说明了这样一个问题：地下温度要高于地表温度，所以地下井喷出的水温度要高，其中的规律是大约每下降 30 米，水温就相应地升高 1℃。

大自然里还有一些天然喷泉，那里的水温也非常高，一些喷泉的温度甚至达到了沸点。这恰恰说明，那里地下的温度也是非常高的。在法国的康塔尔省有很多著名的温泉，虽然泉水的温度很高，但是仍远远不能和间歇泉相比。

在大西洋北部接近北极圈的地方，有一个叫作冰岛的巨大孤岛。这里常年都是冰天雪地，每年看见阳光的时候也很少。但由于这里地下温度非常高，于是我们在这样一个寒冷的岛上会看到很多奇妙的景象：在铺满了大雪的孤岛上，地下有一个巨大的火炉，每隔一段时间就把火热熔流喷射出来。数百个间歇泉分布在面积为 6 平方千米的区域内，这里最著名的就是位于直径为 14 ~ 17 米小山丘顶端的大间歇泉。这个小山丘的主要成分就是间歇泉喷射出来的物质，小山丘内部呈漏斗状，向下延伸了不知多深。

通过喷发前地面的抖动和巨大的声音，我们可以知道间歇泉就快喷发了。随着地面的抖动越来越厉害，传来的声音也越来越震耳欲聋，地下的水喷涌而上，仿佛被一把大火烧开，水温也几乎达到沸点。地下水被岩浆加热后化为水蒸气，由于体积增大而产生了巨大的压力，随着压力的不断增大，这种力量就再也不能阻挡了，然后就会像火山一样爆发出来，随着巨大的响声，几十米高的水柱喷出地面。这时水蒸气在水柱顶端继续向上翻腾，一直向天空冲去。几分钟后，大量水珠从空中落下，落到地面时的水珠依然很有气势。最后泉水渐渐安静下来，直到下次再喷发。

众所周知，太阳辐射是地球内部热量的来源。前面已经说过，每下降 30 米，温度就会随之升高 1℃。那么，地球内部是什么样的呢？

地下 3 000 米的地方，温度大约是 100℃，这个温度也是水达到沸点的温度；到了地下 21 千米的地方，温度就达到了 700℃，这个温度足够熔化大部分物质；到了地下 48 千米的地下，温度会高达 1 600℃。以此类推，在地下 6 400 千米的地球中心，温度将会达到 210 000℃，这个数字是目前为止人类能创造最高温度的 100 多倍。这是一个非常可怕的温度，任何物质在这种温度下都会被变成蒸汽。

有人对此提出了质疑，他们认为当温度达到极限、可以熔化任何物质的时候，平衡机制都会自动出来调节，以防止温度持续升高。他们推测，当地下温度达到 2 000~3 000℃的时候，尽管继续往下，温度还是不会发生变化。不管这个推测是否正确，我们可以确定的是，在地下 48 千米的地方，那里的温度可以把地球上任何矿物质熔化。

通过上面的内容，我们可以认为地球是一个内部充满了高温流体、外部包着坚硬外壳的球体。在此基础上，我们可以认为地球最开始是液态可流动的。包裹在外面的硬壳是由于温度降低而凝固成的。只有这样，一些现象才可以解释清楚，如组成地球的物质按照质量分成若干个层次。

第八章　地震

　　当我们知道了地球内部构造之后，我们会从内心感受到震撼和恐惧。看到岩浆在我们面前不断涌动，只有视觉承受冲击能力极强并且能经受住毁灭性惊吓的人才会好好欣赏这个壮观的时刻。这时我们就会产生担忧：薄薄的地壳能够承受住这一切吗？从地球中心到地球表面的距离大约是 6 400 千米，其中固体物质平均 35 千米，这层固体物质就是地壳，剩下的就是地球熔化的炽热的内部。

　　如果把地球缩小成一个直径为 2 米的球体，那么地壳的厚度大约仅为 11 毫米。再把地球继续缩小到地球仪大小，此时地壳的厚度仅相当于一张纸。这么薄的地壳怎么能经受得住大量岩浆的涌动？它不会塌下去吗？在岩浆的涌动下，地壳会不断扩张最后被冲破吗？当海水进入地心会发生什么呢？会有压制不住的水蒸气冲出来吗？在如此猛烈的袭击下，大地开始震动，海洋里大量的海水涌上岸边，大地裂开一道道裂缝把人们吞噬——地震发生了。

　　地震是很可怕的，好在我们生活的地方发生地震的概率不是很大。我们都觉得大地非常坚固，永远在脚下支撑着我们。虽然有时候我们也会感到大地在轻微晃动，但我们仍然对它充满信心，坚信它不是那么脆弱。然而在地壳下永远都有震动发生，只是我们无法觉察罢了，而且那种给我们带来可怕后果的大震动很少发生。即便如此，也不能认为世界是平静的，因为在世界其他地方经常会发生令人感到恐惧的灾难。

　　1755 年 11 月 1 日，在葡萄牙首都里斯本发生了一场欧洲历史上最大的地震。这天和平时没什么区别，这个城市的居民依然像往常一样安静地生活。突然，从远处传来一阵巨大的声响，这响声就像打雷一样，然后大地开始剧烈抖动，地面被抛向天空，仅仅几分钟的时间这座城市就几乎被夷为平地。那些幸存者逃到海边，想要寻找避难的地方。然而就在这时，海水突然掀起一阵巨浪，把海边的码头、船只和人群都卷进大海。接着大地上的裂缝合拢，被吞进裂缝的一切永远被埋葬。与此同时，又一轮高达 15 米的巨浪疯狂袭来，大量的海水涌进城镇。地震发生后，海啸也随之而来，这给当地居民带来了灭顶之灾。在几分钟的时间里，很多建筑物被彻底摧毁，近 6 万人遇难。

当里斯本发生大地震的时候，整个葡萄牙境内的高山也跟着剧烈地晃动，有些山几乎变成平地。甚至远在北非的许多地方都有明显的震感，如摩洛哥的菲斯和梅克内斯这两座城市就有大量房屋被毁坏，一个有着 1 万多居民的城镇被大地的裂缝吞进去了。除此之外，从赤道到北极都感受到了强烈的震动。其他地方如马提尼克、南非、格陵兰岛……欧洲大陆，甚至拉普兰边界也感受到了这场大地震带来的强烈晃动。不只是在陆地上，海洋里也没能幸免。有些远离海岸线的船只也感受到了猛烈的震动，船员们都以为撞到了暗礁。

你可能会认为，这么严重的灾难只是一个特例而已，但我要告诉你，在世界上其他地方也发生过大地震，这些地震的破坏程度同样惊人。

1812 年在南美的加拉加斯曾发生过一次大地震，整个大地像烧开了的水一样剧烈震动。在短短 5 分钟时间里，剧烈的震动一共发生了三次。最后的结果是什么呢？整个城市被摧毁，有大约 1 万人遇难。

从 1783 年 2 月开始，一场持续时间长达四年的地震袭击了意大利南部。据统计，第一年这里一共发生了 949 次地震，第二年发生了 151 次。剧烈的震动摇晃着大地，地震影响的范围包括了从那不勒斯到西西里的广大地区。在这片土地上生活的居民，就像生活在掀起巨浪的海面上，每天都伴随着眩晕和恶心，在陆地上的人也开始像晕船一样呕吐。当震动发生的时候，天空中的云好像突然动了起来，虽然没有风，但树木好像要被吹倒了一样。

1783 年 2 月 5 日，一场仅仅 2 分钟的地震就摧毁了无数城镇和乡村，大地裂开，山峰也突然分为两半。大片的土地下陷或者移动位置，耕地、房屋和果园也跟着大地一起移动，虽然有些树木幸存了下来，但它们也早已不在原来的位置上了。在一个叫波利斯提娜的地方有一个小镇，这里的很多房屋甚至被移到 1 千米外的峡谷中了。

有时候大地会随着震动不断下陷，把地面上的房子、树木等一切都吞没。而有的地方会在大地上出现一个深不可测的大洞，随着地下水的上涌，这个大洞最后会变成一个湖泊。在另一些地方，河流和地下水会冲击地表的沙石，最后形成泥石流，这些泥石流布满平原、山谷。这时，我们在泥石流中只能看到房顶和大树的树冠了。

地震时会伴随着剧烈的震动，这种震动的力量非常惊人，有时会把铺路的石板震飞到半空中，石塔也会被连根拔起。地面出现的裂缝会把房子、人和动物吞没，随着裂缝的闭合，里面的一切都会被碾压得粉碎。地震结束后，当人们在废墟上进行挖掘的时候，他们发现沉入地下的房子和许多其他物体像被老虎钳捏住一样紧紧地压合在一起。

多洛米厄[1]目睹了地震后令人心碎的悲惨景象，他对有着悠久历史的古城墨西拿是这样描述的："几乎所有房子都倒塌了，只有墙壁还在挺立着，幸存者都躲在临时搭建的帐篷里避难，整个城市看上去就像是经历了一场瘟疫一样寂静。"他又这样继续写道："然而当我来到达卡拉布里亚的时候，这里的景象更加让人震惊，出现在我面前的一切是我见过的最凄惨恐怖的场面，语言已经无法描述这是一种什么样的情景。在我的大脑里，只剩下同情和恐怖了。灾难过后，这里的一切已被夷为平地，甚至所有墙壁都已经倒塌，满地都是建筑物的碎片。看到这一切，我很难相信这里原来是一座繁华的都市。"

据统计，这场大地震一共夺去了8万人的生命。这些人很大一部分死于地震，他们有的被倒塌的房屋掩埋，有的死于地震引起的火灾，还有一些人死于饥饿、寒冷和传染性疾病。还有很多人在地震过后逃到空地上，但这时大地突然裂开，他们被巨大的裂缝吞没。

多洛米厄还说："面对这样的灾难，我们都应该对此表示同情，然而实际上却不是这样。除了少数几件让人称赞的好人好事，大部分人的所作所为是那么令人发指！"事实上，当地震结束后，卡拉布里亚附近的农民大量涌入震后的城市，然而他们来的目的不是为了救人，而是为了抢夺财物。这些人丝毫不管可能面对的危险，他们翻遍每一处废墟，从死者身上夺走值钱的物品。

类似让人觉得悲哀的故事还有很多，其实世界上很多地方都发生过地震，一

---

[1] 译者注：一位法国地质学家（1750—1801）。曾在地震发生后前往意大利考察。为了表示对他的纪念，人们把白云石用他的名字命名。

些地震被记载下来，这些地震就是地球这个大熔炉把地球表面分裂、粉碎的证明。

　　地震即将发生的时候，地下会传出预示灾难到来的声音。这种声音刚开始比较沉闷，就像远处的雷声，声音从大到小后再逐渐增大，仿佛地下即将发生大风暴。在这样恐怖的声音里，整个世界会陷入一片寂静。一些动物也开始出现反常行为，以此向人们发出警报。比如狗会狂叫、牛马等牲畜开始焦躁不安。这时候声音越来越大，就像一队马车驶过或是很多大炮在同一时间发射。最后大地开始震动并裂开，面对这样的场景，我们很难不恐慌。

　　有一些时候，地下突然传出巨大的声音并不代表将会发生地震。比如，1784年在墨西哥的瓜那华托，这里的居民连续4天都听到了地下传来的巨大声响，就像炸药爆炸一样，所有人都觉得将会发生大地震。由于恐惧，居民们纷纷搬出城市。你可能会说，这种声音应该是附近下了大暴雨并且打雷吧。但在附近很深的矿井里，工人们同样听到了这种可怕的声音。所以，这种声音一定是从地下传来的。由于地心的岩浆不断对地壳产生冲击，所以这种声音可能是地下岩石破裂的声音，也可能是地下结构塌陷造成的，具体原因已经不得而知了。但不管怎样，瓜那华托的居民只是虚惊一场，他们幸运地逃过了一场灾难。

第九章　为什么陆地不会沉入海底

在上一章里，我们讲了地震带来的可怕后果，这可能让我们感到非常悲伤。我们会产生疑问，这种巨大灾难的发生，是事先安排好了的吗？是神仙出于愤怒而点燃地狱之火，让山峰摇晃、大地震动、人口众多的城市瞬间消失吗？

当然不是这样！虽然地下的岩浆会给我们带来巨大的麻烦，但它也是我们生活的这个世界的重要组成部分。以前也有很多人认为空气和海洋的存在完全没有必要，因为空气会产生大风，吹倒我们居住的房屋，而海洋上的大浪会摧毁船只。需要注意的是，来自大自然的所有力量都有有益的一面，因为它们是地球上所有生命的摇篮和繁荣的基础，虽然有时候他们会表现出有害的一面，但这正是遵守了大自然两面性的法则。当庄稼正在生长的时候，天空中的云会带来雨水也会带来冰雹；闪电会净化空气也会击中人类，导致被击中的人死亡；河水会滋养谷物，也会淹没它们；地心支撑着大地不会塌陷，也会让大地震动。

地球上所有事物的存在都有一定的合理性，炽热的岩浆也不例外。在地球形成初期，地心就引发剧烈的地震，导致陆地和海面的形成。那时候，整个地球表面都是海水，如果没有地震发生，我们现在生活的陆地就会被永远淹没在海底。

你可能会说，既然我们生活的陆地已经形成了，那么地下的岩浆就已经完成了它的使命，而且它给我们带来这么大的灾难，我们能否把它熄灭呢？

这里我就要提醒你了，如果你这个草率的决定最终得以实现，那么我们生活的地球将会迎来一场前所未有的巨大灾难。你一定要知道，整个宇宙有着精巧而智慧的结构，如果想自作聪明地改变这个结构，只能说这是徒劳无功并且是相当愚蠢的行为。在茫茫宇宙面前，人类是那么的渺小，在这样精巧的结构里只发现一点小小的干扰就想去改变它是多么自不量力。如果把地心里能够引起大地震动

的烈火熄灭，那么陆地就会立即塌陷，最终被大海淹没。

有一种极其缓慢但又坚持不懈的力量不断侵蚀着陆地。在这种力量的作用下，坚硬得连钢铁都束手无策的花岗岩都会变成粉末。那些高耸入云的山峰也会在这种力量的作用下变成平地，这个过程需要的时间可能是100年，也可能是1 000年，甚至是1万年，在这种力量面前，时间都显得不那么重要了。这种能把山峰夷平、大地粉碎的力量产生于空气、海水的共同持续作用。举例来说，有一块坚硬的岩石，被周围潮湿空气不断侵入，这些湿气集聚到岩石表面后会随着气温的下降而变成冰霜。在冰的张力的作用下，即使是力量不大的爆裂都可以造成无数方向不同的小裂缝，等到天气逐渐变暖，石头上的冰霜开始融化，岩石表面部分就会像树皮一样逐渐脱落。经过长时间的循环往复，岩石逐渐一层层地剥落。同样，整个陆地都在不断经受大气和水分的侵蚀。在很多高山上，被这种作用剥落的物质越积越多，最后这些物质就会像雪崩一样滑落进山谷。下面再来看一个实例。

1806年9月的一天，瑞士中部的高尔道山谷刚下过一场大雨，这里的居民突然听见一阵猛烈的爆炸声，循声望去，爆炸声从附近的罗森伯格山上传来。此时，山上的巨石伴随着巨大的轰隆声向山谷滑去。当时人们都以为世界末日到了，所以才会出现这么恐怖的场景。短短5分钟的时间里，高尔道山谷和比辛根山谷之间被巨石和沙砾等东西填满。至少有5 000万立方米的沙石从山上快速滑下，这些沙石埋没了5座村庄，至少500人在这次事故中遇难。

这只是一座山变成平地的方式之一，此外还有很多种方式。在陆地上遍布着向四面八方流淌的江河，这些江河使土地变得富饶，但无论是一步就可以跨过去的小溪还是宽阔的大江，它们每年都把地表的石子、沙砾、泥浆等物质带进大海。以印度的恒河为例，这条河每年带进大海的土壤就多达1.8亿立方米。如果把这些土壤堆积起来，就会形成一座非常雄伟的高山，但恒河却把这些土壤送进了大海里。

地表物质不断被河流带到大海里，随着时间的推移，这些被带进海洋里的物质会越来越多，很明显，地表将会慢慢变低。再加上大气的侵蚀，陆地可能会变成平地甚至消失。而这些物质不断进入海洋，直到未来的某一天，大海最终会被填满。如果这个过程一直持续，海洋的面积将会越来越大，现在海洋的面积大约已经是陆地的 3 倍了，在不久的将来，整个地球可能会陷入一片汪洋之中。

你也许会觉得陆地消失的可能性是绝不存在的，但请你仔细想一想，海洋是那么宽广而陆地的高度几乎可以忽略不计。前面我们说过，如果把地球缩小成一个直径 2 米的球，那么地球上最高的山峰仅为一粒沙子那么大。如果把这些沙子集中在一起或者平均分配在地球表面上，它们能抵挡住空气的侵蚀、河水的冲刷、海浪的拍击和暴风雨的洗礼吗？如果陆地能够承受住这么强大的破坏力并且很快从破坏中恢复，这才是让人难以置信的。

在土壤的最下面、采石场下的地层里，或者是在一些山上，都可以发现贝类的化石。这证明陆地上很多地方原来是海洋，所以海洋里的贝类、海泥才会沉淀在这些地方，经过成千上万年的演变，这些物质逐渐变成了化石，随着海面的退去，它们才最终显露出来。尽管很多史前证据证明陆地上很多地方原来是海洋，但像上面说的那种原因造成地球被淹没几乎是不可能发生的事情。在人类出现之前确实发生过大陆被淹没的事情，但这和《圣经》里说的大洪水不是一回事。圣奥古斯丁认为，《创世记》里说的大洪水和我们经过科学证明的大洪水不是一回事，我们说的大洪水发生在史前的某个时期，经历了成千上万年，但没法考证具体是多少年，这个过程一直持续到地球上出现第一块大陆。

在地球内部岩浆的作用下，陆地逐渐升高直到高出海面，这是一个漫长的过程，在地心的保护下，大陆免受海水侵蚀，同时还防止了陆地被大气和海洋联合破坏。地壳表面的高低起伏和地下震动的强度有关，强度越大，地壳表面高低起伏就越大。这个过程有两个环节：首先是把海底变得凹陷；其次是把陆地部分和岛屿变得更加凸出。这两个环节造成了这样的结果：一方面海底凹陷后海面降低；另一方面陆地逐渐升高。所以，海洋是不能吞没陆地的。也可以说，正是地震使陆地不被海水吞没，进而保护了人类不会由于水害而灭绝。

如果从远古时代开始就没有地心活动，地球就不会持续自我更新和修复。这样会造成什么结果呢？海面上只会留下一些小块的岛屿，或者几块礁石，这些只能作为大陆消失的证明。在这样的环境里，所有陆地生物都不会存在。但事实却不是这样的，地心活动在继续进行，史前的大地震形成并保护了陆地，人类和其他陆地生物才能在陆地上繁衍生息。而且，陆地的自我修复活动永远不会停止，它将会一直孕育着陆地上的生命。

地球上有很多能证明地心运动推动陆地升高的例子。在 1822 年、1835 年和 1837 年里，美洲的智利经历了大地震。地震过后，大家很清楚地看到了从瓦尔迪维亚到瓦尔帕莱索的海岸上升了许多，上升的海岸长度达上百千米。地震前还在海水里的岩石也上升了 2~3 米，在石头上还有许多海草和贝类。一些鱼在岸边搁浅，死鱼覆盖了岸边几英亩（1 英亩 =0.40 公顷）的土地，空气中到处飘散着鱼类腐烂的臭味。

1822 年的地震发生后，有将近 2.5 万平方千米的地面升高 1 米，整个美洲大陆都感受到了这场强烈的震动，如果把地面升高的所有高度加在一起，那么最终的结果将是埃及大金字塔高度的 10 万倍。请大家想一想，这得需要多大的力量才能在短短几分钟时间里把陆地抬高了这么多！要知道，修建一座金字塔需要数十万工人辛勤劳动几十年。

这场剧烈的震动同样影响了海底。当时距离海岸 200 千米处有一艘捕鲸船，这艘船的桅杆都被震断了。经过测量，这艘船所在位置的海底比两年前升高了 1.5~2.0 米。此外，在康塞普西翁海湾停泊的船只突然搁浅了，船身下的海水都退到了海里。也就是说，原来船只还可以航行的地方，现在由于水深变浅而无法继续航行了。

在大部分情况下，这种剧变不是突然就发生的。在很多地方，虽然地面持续缓慢上升，但从来没有发生过剧烈震动。瑞典科学家一份长达一个世纪的观察记录显示，斯堪的纳维亚半岛北部的波罗的海海面每年都会下降，下降的速度大约是每 100 年 1 米，与此同时，附近陆地的高度也以这样的速度逐渐上升。在 1731 年的时候，有人在乌普萨拉与海面平齐的地方做了一个记号，现在这个记号已经比海面高 1 米多了。

通过这两个例子我们可以知道，虽然有些地方面临着被淹没的危险，但地心活动也使另外一些地方逐渐高于海面。这个过程显示了大自然的无穷智慧，一方面陆地在被破坏的同时土地也变得丰饶了；另一方面地心不断的活动使陆地又变成原来的样子了。

第十章　火山

你是否有过这样的想法：未来的某一天，由于空气和流水的腐蚀，再加上地心岩浆不断运动，导致地球因再也承受不了而发生爆炸？地震有如此大的破坏力，为什么它发生的次数不是很多？地球内部炽热的岩浆为什么不会每天在巨大的咆哮声中从某个地方喷发出来？为什么地球没有被可怕的爆炸炸成碎片而飞向遥远的外太空？

这都是由于火山的爆发。火山就像一个保护地球安全的阀门，这个阀门连接的是地球外部和内部空间，地球通过它把内部爆炸产生的力量发射出去。在地球内部积聚的具有极大破坏力的岩浆和气体，通过火山爆发释放出去，同时火山爆发也大大降低了地震爆发产生的破坏力。有一些地区火山活动比较活跃，在这里只要地面震动，一般都会发生火山爆发的现象，当火山爆发结束后，地面的震动也停止了。所以，地球通过火山爆发减轻来自地心内部力量的破坏力。

大家都见过火山，这种山的顶部好像顶着一个漏斗形状的大洞，我们把这个漏斗形的大洞叫作火山口。在火山口下端是曲折的火山管，火山通过不确定多长的火山管和地球内部岩浆连接在一起。不同的火山其宽度和高度也不同，一般是从几百米到4 000多米，当然也有更高的，例如，在厄瓜多尔中部就有一座高达5 738米的活火山。欧洲也有几座有名的火山，如那不勒斯的维苏威火山、西西里岛上的埃特纳火山、冰岛上的赫克拉火山和斯卡普塔火山等。其中，维苏威火山的高度约为1 190米，埃特纳火山的高度约为3 315米，赫克拉火山的高度约为1 690米。

现在我们说一说维苏威火山爆发时的情景，这是一段很精彩的描述，通过这段描述你会对火山爆发有一个更加直观的印象。

据史料记载，这座火山在爆发之前就发生了很多令人惊讶的事情。当时从火山口喷发出大量的浓烟，这些烟一直向天空冲去，上升的高度达到了火山的3倍，浓烟到处飘散，甚至遮住了太阳。在爆发前几天的时间里，火山口被巨大的黑云遮住了。随后，维苏威火山附近的居民感觉到地面强烈的颤抖，从地下传来了巨大的响声。这种声音越来越大，都要把耳朵震聋了，仿佛有一群炮兵在地下进行军事演习。

突然，一团浓烈的火焰从火山口爆发出来，直冲向天空，高度高达两三千米，前几天集聚在火山口的黑云立刻被染红，把整个天空都烧热了。在巨大的火焰中还穿插着无数像闪电般快速移动的火花，火山口就像一条喷火巨龙的大嘴。然后，这些喷出的火花像下雨一样从半空中落下。虽然远远看去这些火花不是很大，但它们的威力惊人，所过之处的建筑物都被砸碎吞没，人工建筑在这些火花面前是那样不堪一击。在接下来的几周时间里，维苏威火山一直持续地剧烈喷发着。

与此同时，在火山所在地下面几十千米的地方，大量的岩浆源源不断地顺着火山管向上冲。喷到空中的岩浆，发出的光芒就像正午的太阳一样耀眼。由于岩浆喷出后就会冷却，火山口很快就被堵住了。但危险的事情发生了，火山附近的地面颤抖得更加厉害了，在一声震雷般的巨响后，火山口附近的地面出现一条巨大的裂缝，地下岩浆立刻从裂缝中喷发出来。

喷出的岩浆以势不可当的态势慢慢向前推进，一场灭顶之灾即将来临。在这么危险的时刻，也许只有人类等动物可以逃跑，那些不能移动的物体都被火焰吞没了；树龄有几百年的大树立刻被岩浆化为灰烬，连树桩都没有留下；用石头修建的城墙也全部倒塌。

岩浆终于喷发完毕，但被岩浆压制的地下炽热的致命气体立刻开始向外喷发，这些气体的破坏力在某种程度上要比岩浆更大。在这些气体中裹挟着大量的火山灰、碎石子、泥石流等，大量的火山灰形成笼罩在火山附近的黑云。不久之后，火山灰落到地面几十千米的范围内。现在，给人们带来巨大灾难的火山终于平静下来了。

在火山爆发的过程中会喷出难以计数的岩浆，岩浆也是火山喷发物质的主要组成部分，下面让我们来看一个例子。

1783年6月11日，在冰岛上的斯卡普塔火山爆发了。从火山口喷出的岩浆形成了一条最宽处 60 米、最深处达上百米的岩浆河。虽然半路上的河水在一定程度上阻挡了岩浆，但这是无济于事的，因为河水立刻蒸发了，河道也被岩浆填满了。接着，岩浆沿河继续向火山下的平原地区流去，大型湖泊里的水被烤干后还没有停下来，直到填满了一个干枯的河渠。

短短的一个星期后，火山第二次爆发了。岩浆按着第一次爆发时岩浆流动的方向继续向前，然后流进一个由瀑布冲击成的深谷。这个深谷立刻被注满，岩流又继续前进，一直流到 90 千米外的地方。岩浆流在平原上的平均深度 30 米，然而在狭窄的山谷地区则达到了 183 米。岩浆覆盖了方圆 400 平方千米的地区，形成了一片剧烈燃烧的海洋。假如这些岩浆能连续几年放热、冒出黑烟，这将是多么恐怖的事情！

休眠期火山的火山口是安全的，游人可以前去旅游参观。在火山口附近到处都是黑色的石灰岩和火山岩渣，还有很多巨大的岩浆石。有时从缝隙中还能感受到让人窒息的热气，站在火山口向下看去，甚至能看到火山内部正在燃烧的火焰。

旅行家亚历山大·冯·洪堡曾这样描述火山：

1802 年，我在一个印第安向导的带领下爬上了辟齐卡火山 [1]。我们也不知道我们是否走对了方向，攀登费了我们好大力气。虽然攀登的过程很艰难，但我们始终充满了热情。在我们周围是一层厚厚的蒸汽云层，脚下到处是坚硬的冰雪，这些冰雪下隐藏着足以致命的裂缝，而且也给我们的攀登带来更大的困难。由于蒸汽云层的存在，我们的视力受到了很大影响，甚至前面几步远的地方都看不见。我们就这样慢慢地向前走，当前面传来一股刺鼻的硫黄味道时，我们知道终于快到火山口了，同时我们也看见远处仿佛有燃烧的火焰在闪动。然而危险也随之而来，这时我们已经不知不觉身处深渊的边缘。还好我手疾眼快，一把把印第安向导拉到后面的岩石上。

于是我们在火山口边缘的巨大石板上休息，可怕的深渊就在我们下面。用语言已经无法描述出这里的破败荒凉，即使你想象力丰富或者是在噩梦中，也无法感受到我们眼前的阴森和荒凉。整个火山就像一个周长接近 5 000 米的高大围墙，墙头上布满了冰雪。墙里是一片望下去就会晕倒的黑暗，远处还有几座阴沉沉的

---

[1] 译者注：这是厄瓜多尔境内的一座高度约为 4 850 米的火山。附近岩石中最东侧的一座。

山，近处是 3 条巨大的裂缝，刺鼻的硫黄味不断从这些裂缝向外喷发。

还有一个叫阿曼达·考特福格的旅行家，他是这样描述的：

埃特纳火山形成的巨大深渊就在我们脚下。它的形状和一般的火山不同，这仿佛是一个蜿蜒、曲折、幽深、不规则的山谷；在陡峭的侧壁上布满了岩浆堆积的碎渣和岩石，由于火山是突然爆发的，喷出的物质降落也是随意的，所以这些碎渣和岩石的分布也毫无规律可循。它们的颜色也不一样，大部分是黑色的，也有许多是暗红色的。大大小小的裂缝遍布周围，刺鼻的气味不断从裂缝里喷出，周围是死一般的寂静。我们脚下铺满了温暖而潮湿矿灰和碎渣，好像踩着一层白色的冰霜。这些潮湿的物质呈酸性，我们的鞋子很快就被腐蚀了。地面还有闪耀着光芒的硫黄，它们被火山爆发时的高温熔化后变成细小晶体落到地面，然后经过一系列复杂的化学反应后又变成硫黄。

找到通向火山口的道路后，我们离开观测点继续向东前进。很快，我们来到了一条又窄又陡的斜坡前，斜坡下面是百米深的悬崖。这时我们的向导做了一个让我们跟上的手势，然后直接朝着斜坡跳过去！我们也没有过多犹豫，立刻跟着跳了过去，不久我们就来到了火山口边缘。10 年前这个火山曾喷发过一次，火山口是一个由垂直的外墙围成的不规则圆形围墙，从火山口内部仍然不断传来震耳欲聋的轰鸣声。

整个斯特隆布利岛就是一个火山，它周长约 15 千米，高约 700 米。它虽然是欧洲最小的活火山，但是爆发得比较频繁。从火山顶往下看，你可以看到火山内部运动的岩浆。从半空中俯瞰，斯特隆布利岛好像由 3 个同心圆组成，斯特隆布利火山位于同心圆的中心。它一共有 6 个火山口，其中两个有硫黄气味的蒸汽从里向外喷出，蒸汽笼罩着火山的山顶；还有一个火山口喷发出带着火焰的白色烟雾，同时还伴随着无数炽热的小石子，这些小石子互相撞击，不断发出叮叮当当的声音；剩下 3 个火山口间歇性地喷发。

当火山处于平静期的时候，从火山口向下看，就能看到像铁水一样的岩浆在火山管中起起落落，但就是不喷发出来，与此同时还伴随着像燃起大火一样的巨大轰鸣声。当岩浆上升的时候，大量的白色雾气也随着上升。岩浆升降的间隔时间大约是 8 分钟，当间隔的时间达到 15 分钟时，下一次岩浆活动就会变得更加猛烈。这时火山口开始抖动，并带着火山附近的大地颤抖，同时也会产生巨大的声音。接下来红色的火焰和浓雾从火山口喷出，爆炸的声音越来越大，破坏性也越来越强。最后，紫色的浓雾推动岩浆猛烈喷发。从主喷发口喷发出大量炽热的火山灰和岩浆石，高度达几百米，并带着巨大的响声和热量。喷到半空的火山灰、岩浆石，有的掉进火山口里，有的掉进海里。火山喷发后慢慢恢复了平静，岩浆继续在火山管中起起落落，直到迎来下一次的大爆发。

把火山喷发的力量和人类制造出的机器的力量进行比较，这是毫无意义的。虽然我们不知道火山管有多深，但它的最低深度就是火山的高度。用机器能把相同直径的水提高100米，这么多的岩浆的质量大约是水的2.5倍。这意味着，如果用同样的机器提高岩浆，那么提高的高度大约只有40米。以此类推，把维苏威火山的岩浆从火山底部提升到火山口需要30倍于这个机器的能量，如果是埃特纳火山则需要83倍于这个机器的能量。当这座火山是世界最高火山阿考克格火山时，需要的力量就是180倍这个机器的能量。

需要注意的是，这里我们假设的前提是火山管的深度和火山顶到地面的距离相等，如果火山管的长度更长，那么岩浆上升遇到的阻力就更大，需要的力量也随之增大到原来的两三倍甚至更多。这种力量这么惊人，以至于在火山地区经常出现大裂缝。岩浆也会从这些裂缝里喷发出来，就像我们刚才说的埃特纳火山。当岩浆在上升过程中遇到阻力，它就会给自己开辟一条新道路，把自己喷发出去。如维苏威火山爆发时，岩浆就从地上一条巨大的裂缝中喷发出来，这条裂缝的宽度甚至可以吞没一整座城池。

第十一章 维苏威火山

有的火山可以在喷发后几个世纪都不再喷发，就好像被什么东西堵住了一样，我们把这样的火山叫作"休眠火山"或"死火山"。在这些火山口周围长满了各种植物，从远处看起来郁葱葱的，景色非常宜人。但就在这片植被下面，依然残留着火山喷发的痕迹，就算它们在人类诞生之前爆发，我们依然能找到火山口在什么地方。

在法国可以看到很多孤立或成群的火山锥，这是一种顶部为圆形的、漏斗状的火山口。它们有着各种各样的形状，从不同角度看都有各自鲜明的特色。一般，火山口下是一片辽阔的草地，上面有一群群白羊和母牛，悠长而清脆的叫声传遍整个山谷，呈现出一片悠闲自在的情景。在一些火山口还积聚了大量的地下水和雨水，这就是优美的火山湖。在日光的照耀下，湖水变得五光十色，一阵清风吹过，平静的湖面被吹起一阵阵涟漪，水面上仿佛飘动着一层薄薄的纱。在没有风的日子里，四周的树木和天空的云朵在湖水中留下美丽的倩影。阳光洒在湖面上，反射出无数个白点，仿佛晴朗夜空中的满天繁星，让人看了再也不愿离去。

那些曾经剧烈喷发过的火山，现在却呈现出一片和平安详的景象。谁能想到，如今波光粼粼的火山口湖，曾经喷发出炽热的岩浆；现在牛羊休憩的地方，曾经是让人闻之色变的地狱。丰茂的草木、盛开的鲜花把曾经的伤痕掩盖，让我们几乎忘记了这里当初的惨状。然而，在这片肥沃的土地下，只有火山爆发后遗留下来碎渣和火山灰。那个漏斗状的大坑就是当初的火山口，而火山喷出的物质堆积在火山口周围就形成了叫作"火山锥"的锥形山丘。来到埃特纳火山，我们看到的是一片黑乎乎的景象，表明当初有大量的岩浆流过。这些红黑色的岩浆从火山口流向周围的平原，恐怖的力量吞没了经过的一切。只有少数杂草和苔藓，在细小的缝隙中得以生存。这么剧烈的爆发虽然早已过去，但经过几个世纪后，它喷出的岩浆才最终冷却下来。

在人类还没有诞生的时候，这里发生过几百个火山同时爆发的壮观景象，整个法国中部都被这漫天的火光照亮。没有人知道，这些火山肆虐了多久，同样也没人知道，这些火山会在哪一天重新展现出它可怕的威力。

在漫长的历史长河中，维苏威火山是那样的安静祥和，与它爆发时的模样完全不同。当时，在维苏威火山附近都是肥沃的土地，山脚下是两座繁华的都市——赫库兰尼姆和庞贝，这里的居民世世代代生活在一片繁华宁静中。公元 79 年的一天，维苏威火山喷发了，由此产生了人类史上规模巨大的灾难。

在这场灾难中，赫库兰尼姆和庞贝遭受了灭顶之灾。炽热的岩浆迅速冲向两座城市，最后把它们完全吞没。1000 多年后，它们的遗迹才被考古学家发掘出来，一些古老的建筑和遇难者的遗体也得以重见天日。今天，维苏威火山一直保持着活跃的状态。

即使是熄灭了很久的火山，也有可能在某一天突然爆发。不论是肥沃的耕地、广阔的牧场还是遥远的海底，都可能分布着随时会爆发的休眠火山。下面就是几个例子。

1538 年 9 月，在那不勒斯的地面上突然出现了一个周长达数千米的巨大水坑，在这个水坑出现之前，这里的大地经常震动不止。9 月 29 日凌晨，岩浆、烟雾、岩石和泥浆混合物突然从水坑里喷发出来。喷射物伴随着巨大的响声飞向高空，然后迅速落下。与此同时，岩浆也从坑里流出。12 小时后，喷出的物质在原来平坦的土地上堆起一座高达 144 米的小山。火山持续喷发了两天两夜，同时还引起了洪水泛滥，整个那不勒斯地区陷入巨大的灾难之中。

附近的居民被剧烈的震动惊醒，他们开始在一片哭喊中四散奔逃。逃难的居民有的带着孩子，有的带着牲畜和生活用品，在一片恐慌之中向安全的地方逃去。沿途都是各种鸟类的尸体，还有火山爆发后附近海水退潮时搁浅的死鱼。

当火山爆发结束后，一些居民登上了新形成的火山。在山顶他们看到一个大坑，坑底翻滚着泥浆、岩石和火山灰。平静的日子一共持续了 17 天，这里仿佛又恢复了往日的宁静，一些好奇的人再一次来到火山口向下观看。突然，火山又一次爆发了，观看的人有的立刻被大火吞没，有的被飞起的石头砸倒，还有的由于吸入毒气窒息而死。火焰和爆炸声重新占领山头，又过了好久才恢复平静。

后来，人们把这座火山喷发后留下的山称为西努奥沃峰，意思是"新生的山"，今天的西努奥沃峰已经是一片生机盎然的景象了。现在，科学家们认为这是一座休眠火山，而且也看不出会有再次爆发的迹象。

18世纪中期，在墨西哥有一片肥沃的土地，那里有两条河流经过，地理条件非常优越，在这片土地上种着玉米、水稻等农作物。生活在这里的居民根本不会想到，一场灾难会突然降临。平静的生活一直持续到1759年7月，在接下来的两个月时间里，大地经常剧烈的颤抖，地下也不断传来巨大的响声。到了9月底，这些现象更加明显了，尤其是附近直径几千米的区域不断上升，甚至上升了168米。接着，这里的地表开始像海浪一样涌动，出现了无数小山丘和大量的水坑。巨大的气泡从水里冒出来，然后在水面爆裂，就像开水中的气泡爆裂一样。

火山终于爆发了，大量的烟雾、火山灰和碎渣喷发出来。最后，在爆发口附近形成了6座火山锥，最大的一座甚至比原来的地面高出了483米。直到1760年2月，岩浆和碎渣还在不断从火山口喷出，在那些水坑中也不断喷发出大量烟雾和刺鼻的气体。随着地面的升起，两条河流被切断，河水也被火焰吞没。

在火山爆发20年后的1780年，火山裂缝下的石头还能轻易地点燃雪茄，烟雾和蒸汽依然不断地从火山锥中喷出。火山爆发后40年，旅行家亚历山大·冯·洪堡来到这里。他仍能从那些新形成的火山里听到不断传出的阵阵轰鸣声，这说明地下仍有大量的岩浆。那两条消失的河流在远离原河道的地方重新出现，不过已经变成了热气腾腾的温泉。从此以后，这些火山终于开始安静下来，温泉和地表温度逐渐下降，茂密的树林又一次出现，覆盖了这片曾经是一片惨状的地区。

此外，还有海底火山爆发的例子。1831年7月10日，一艘船在地中海上航行，船上的人突然看见附近一大片海面沸腾起来。随着汹涌的波涛和弥漫的水汽，许多鱼类的尸体漂浮上来，海里还传来巨大的响声。接着，一股周长达800米的水柱冲上20米的高空，然后突然安静了下来。反复几次后，水汽产生的蘑菇云遮蔽了整个天空。

你也许会问，是一群鲸鱼浮出水面了吗？当然不是，这是海底的一座火山爆发了。火山爆发后，刺鼻的硫黄味弥漫在海面上。天黑后，气柱夹带着火焰喷出海面，这片海域被照得绚丽夺目，就像正在进行一场烟火表演。

过了一周，那艘船又经过这片海域，人们发现在水柱喷发的地方出现了一座小岛。这座小岛的高度有十几米，小岛的中心是一个大坑，里面是沸腾的岩浆。烟雾和水汽弥漫在小岛周围，大量死鱼漂浮在小岛附近。又过了一周，地质学家霍夫曼来此考察。

　　霍夫曼看到，这座小岛露出海面的部分约为20米高，周长大约是1 000米。这时小岛仍不断喷发出岩浆，并且还在上升。大量的白色蒸汽像白雪一样聚集在火山口附近，在火山口上空形成的蒸汽层大约有1 000米厚。碎石像火箭一样喷发到空中又落下，好像下了一场岩浆和火山灰组成的冰雹。这些炽热的物质掉进海里后，海水就像被烧开了一样升起大片烟雾。虽然没有火焰喷发出来，但仍能听到巨大的响声。火山每次喷发之后大概会安静15分钟，这时只能看到弥漫的雾气。

　　火山喷发一个月后，这个岛增大为高度约有60米，周长达四五千米。如果火山持续喷发，这个小岛会继续增大。但又过了一个月，小岛停止增长，而且火山也没有继续爆发。人们就把这座小岛叫作格雷姆岛，但不久之后格雷姆岛就淹没在海浪中了。两年后这附近又有一座火山爆发，然而没有再出现小岛。1863年，科学家们断定这座火山已成为一座死火山，将会永远沉默在地中海之中。

　　通过本章内容我们知道，不管在什么时间、什么地点，都会发生火山爆发的可能。

第十二章　火与水

通过科学家们的观察，可以断定地球在最初形成的时候是一个由熔化物质组成的巨大球体。在地球表面流动的是未来形成大陆和海洋的元素，这种元素就像是被熔化的金属一样流动着的流体。随着时间的推移，最外层逐渐冷却变硬形成地球的外壳。

温度逐渐降低的同时，地表逐渐变厚，直至停止发热。热量散尽后，地球再也不是一个发光的火球了，但这时地球周围的大气并不是蓝色的，而是非常浑浊的，这些气体导致阳光都不能照到地球表面。在地球坚硬外壳和地心内部流体的相互作用下，地表出现了很多不规则的形状，陷进去的地方变成海洋，凸起的地方变成大陆，峡谷把长长的山脉分隔开来。如果你见过新鲜的苹果逐渐干枯起皱，那么你就可以想象出这个过程。

让我们想象有一个新鲜的苹果：它外表光滑饱满并且鲜嫩多汁。几天后，苹果里的水分开始蒸发，苹果会变得比原来小一些。由于表皮的物质含水较少，所以果皮的面积还保持着原来的大小，然而苹果内部却明显变小。由于相对来说果皮有些过大，所以要想继续包裹果肉，果皮就一定会枯萎起皱。从远古时代开始，地球的外壳就经历着类似过程，现在的地球和布满皱纹的水果皮差不多。

流体散热引起的皱缩远比固体散热引起的皱缩明显。所以，地球内部的流体将大量的热量释放到地球周围，导致地表的收缩比因为地壳散热引起的收缩更加明显，虽然这两种收缩释放热量的速度差不多，但内部熔化的物质终究会停止支撑包围的外壳。接下来会发生两种情况：一种是外壳为了包住缩小的地心而出现褶皱；另一种是外壳由于延展性不强而在重力的作用下塌陷。由于塌陷的碎片不能完全填满它们产生的空间，所以会产生不同类型、不平滑且不规则的外表。这些类型的外表在下陷、隆起、水流冲等力量的作用下形成了山脉、山谷、高地。当看到连绵起伏的群山，我们不会把雄伟的高山和地表上可以忽略不计的褶皱联系在一起，如果把山和地球这个巨大的球体相比，山就显得非常渺小了。所以，即使是安第斯山脉在地球上，也不一定比一条皱纹在一个苹果上的比例大。

很明显，地壳的硬度和厚度是地球表面不平坦程度的决定因素。如果地壳比较刚韧，就会对推动它移动的力产生比较持久的反作用力，一旦超过承受的极限，地壳就会破裂，原来处于水平状态的地层就会变得垂直或接近垂直。如果地壳延展性比较好，那么它就会逐渐向地心萎缩，并形成深度适当的波浪形褶缝。所以，我们判断地表形成期的一个重要方法就是观察地表的不规则状态。实践表明，史前时期形成的山脉一般是比较小、顶部呈圆形的山，而形成时间比较近的大多是突然拱起的山，例如喜马拉雅山和安第斯山脉。接下来，我们就讲一讲该如何判断两座山中哪座形成的比较早。

地表破裂是一个缓慢的过程。在相当长的时间里，地心熔化的物质都在地球外壳的包围下运动。要经过成千上万年才会出现显著的变化，破裂的发生意味着地壳的承受力已达到极限，地表就会出现此起彼伏的变化。不同的地方地表有着不同的碰撞程度和方式，大陆和海洋的领地被重新划分，原来的大陆会变成海洋，而原来的海底则会变成大陆。地球的秩序发生改变后，又是一个相对平静的时期，直至下次碰撞发生。在多次这样的碰撞发生后，地球表面的陆地和海洋不断发生变化，所以现在在陆地上的一些地方还能找到当初这里是海洋的证据。

我们生活的时期是陆地成型、地下运动不是很剧烈的稳定期。很难相信我们生活的地球在未来的某一天会变成另外一个样子，因为我们觉得海洋和陆地永远不会发生变化。然而地球会永远处于稳定期吗？地下运动真的不会再次剧烈起来吗？事实上很多事例都表明，我们生活的地球其实不是那么稳定的。地球的每个角落都在进行着缓慢而持续的震荡，终有一天陆地和海洋的位置会因为地心的运动而发生改变。

地表破碎后，破碎的物质会给地表下流动的液态物质带来压力，这些液体会流进裂缝里。当裂缝被注满时，多余的液体就流到地表上，有时甚至会形成液柱。这种现象可以用日常生活中的情形来解释：冬天的时候把冰面打碎，冰下的水会流到冰面上，如果气温很低，流出的水就会凝结，在破碎的地方还会出现凸起来的冰脊。在地球最开始形成的时候，当时地壳还很薄，地壳破碎事件经常发生，地下的流体大量流到地表，反复多次后就形成了后来的地壳。

地表最初的不规则主要是在包裹着液态物质的平滑表面出现大量的小凸起，出现这种凸起的主要原因是火山喷发出的岩浆冷却。当地表出现大量裂缝后，随着地表弹性逐渐减弱，地心活动的液态物质就会流出来，在裂缝上就出现了高高的山脊。这种情况在当时是经常发生的，现在我们生活的陆地有很大一部分是由地心流体流出形成的，还有一部分是由洪水带来的大量沉淀物形成的。

随着液态物质不断注入裂缝形成山脊，再加上岩层折叠形成山坡，山脉就这样形成了。由于这些地方地壳的承压能力比其他地方弱，所以这里经常发生地震。同时地热通过这些缝隙不断向外释放，这里也会形成很多温泉。最后这里还会出现大量火山，这些火山就像一个个巨大的烟囱，把地球的内部和外部连接起来。

随着地球的温度逐渐降低，地球外部的大气层也发生了剧烈变化。由于之前地球表面温度很高，水分只能变成浓密的云飘浮在地球上空。直到最后一刻海洋才出现，但现在仍然不是合适的时机。随着第一滴水珠落到逐渐降温的地球表面，地球进入了一个新纪元。当时降雨可能是这样的情景：当雨滴落在还很烫的地表后，它立刻变成水蒸气，经过几亿年的不断循环，地表温度变得更低，雨量越来越大。这时降雨就可以留存在地表，与此同时大气中聚积的水汽能够产生丰富的雨水。

飓风和台风带来了持续的电闪雷鸣，这光亮照亮了整个天空，如此浩大的声势，仿佛要把天上的洪水引下来给地球带来灭顶之灾。上亿年积累的资源在这时仿佛就要用尽，以至于我们现在再也无法看到地球在准备孕育动植物时大雨从天而降的壮观景象了。地球被大片包含着水汽的乌云笼罩，闪电的光芒和昏暗的天空相互映衬，我们可以想象地球形成之初时电闪雷鸣的情景。今天我们看到的任何洪灾都不能和当时的情景相比，那时陆地和天空仿佛被大雨连在一起，疯狂的龙卷风夹杂着暴风雨，把猛烈的洪水从空中注下。在暴风雨的冲击下，整个大地都颤抖起来了。

天空中的水终于全部落到地面，我们的地球变成了一片汪洋。当时的海水不断沸腾翻滚，水中都是泥浆和黏土等物质，地球就像一锅被浑浊的水汽笼罩的矿物场。在水面上只能依稀看到几处礁石，然而它们大多数是高山的山顶。又过了不知多少年，陆地终于形成了，地球表面的状态得到改变。陆地形成后不断受到各种冲撞，地壳的外观也随之不断发生改变。

此时大气中的水分都变成雨水降落在地球上，大气里没有多余的水蒸气，连我们现在看到的云都没有。当然，这些景象都是科学家们根据观察到的事实推测出来的。这个过程可以概括为"天上的水和地上的水分开"，这种说法是一位宗教历史学家在 3 500 年前提出的，而且现代科学已经证实了他的说法的准确性。

大雨降落到地面上后，地壳发生了很大变化。之前形成的岩石由坚硬变得疏松，最终裂开，变成比原来小很多的岩石块。在海浪的冲击下，这些岩石块变得粉碎。慢慢地，细沙、沙砾、黏土和污泥等物质聚集在一起，把海洋变成了布满热泥浆的流体。随着时间的推移，水温逐渐下降，这些混合物慢慢沉淀，最初的海底形成了。

这时候，我们生活的陆地慢慢从海底升起。在经过反复的破裂、重组、挤压后，第一块陆地终于出现在海面上。然而，当时的大陆和我们现在看到的完全不同。以法国为例，这个国家当时只是一个小岛。随着时间的推移，当时最大的大陆又重新沉入海底，现在再也看不见了。在新生的大陆上到处是荒凉的景象，除了火山就是岩石，这些岩石也是由岩浆冷却凝固形成的。又过了不知多久才诞生了原始生命，然后大地上出现了青草。

当时在海里沉淀了许多泥浆，河流也不断从陆地上往海里灌注矿物质，这些物质逐渐分层堆积起来，它们孕育了各种海洋生物。从那时起一直到现在，海洋持续不断地侵蚀着海岸，并把侵蚀下来的物质带到海底。与此同时，海洋也持续不断地接受众多河流带来的沙土等物质。这些物质和各种生物的尸体在海底不断沉积，它们慢慢变硬，最后变成了海底坚硬的岩层。随着地下活动不断加剧，很多大陆从海底浮现出来，海底变成了陆地。现在，陆地上许多岩石的结构就是当初的海底，在一些高山上我们也可以找到许多海洋生物变成的化石。

可以说，是火和水这两种物质的不断作用才最终形成了地壳。在火的作用下地球内部物质熔化成岩浆，因此形成了地壳，水流不断从陆地上带来各种物质，这也形成了地壳的一部分。

固体物质被高温熔化又冷却后可以结晶成型，如果冷却的速度很慢，结晶体的形状就会非常规则且表面也非常平滑，如我们食用的糖（需要注意的是，糖能溶于液体，当液体蒸发后，糖就可以结晶成型。此外，食盐等可溶物也有这个特征）。岩浆冷却后形成火山岩，因此它的外观也是晶体，通常火山岩由无数微小的晶胞组成。

在这里需要说明一点，深成岩都属于硅酸盐，硅酸盐包括硅等矿物质，在光的照射下，它们都能反射光芒，其价值是由硬度和结晶形式决定的。

在沉积岩中很少看见晶体结构，即使偶尔有晶体结构的沉积岩，它们也是由矿物质经过上万年的分解、沉积逐渐形成的。沉积岩的成分都包括石灰，石灰的存在形式主要有石灰石、大理石和白垩。虽然名字不同，但它们的组成是相同的，都包含石灰和碳酸。在遇到强酸的时候，它们会释放出气泡，人们把这种现象叫作"泡腾"。如果是深成岩，就不会有上述现象产生。

在沉积岩中加入水，它们就可以捏成型，这是辨别沉积岩的简单方法。泥灰是由石灰和石灰石粉组成的；陆地在海水的作用下脱落出的碎片会变成沙子和鹅卵石；沙子在外力的作用下逐渐变硬，最后成为岩砂。

组成沉积岩的物质在海底沉积成厚厚一层，我们把这个沉积层叫作地层。不同时期形成不同的地层，它们在海底按照年代排列。越在下边的地层就越古老，同理，在上面的地层则相对年轻一些。在没有外力的情况下，地层始终是水平的。前面我们说过，海底是不断运动的，这改变了地层原有的形状，但它的排列顺序没有发生变化。所以，层化是地壳最显著的特征，在海水的作用下，地层分布得比较规律，深成岩却不是这样的。沉积层上的裂缝在流体的压力下，会把沉积层原本的结构破坏，于是在地表就出现了独立的山峰、山脊或小形山堆，但它们的排列比较随意，也就是说它们都没有成层。

此外，在沉积层中还有大量的远古动植物遗体化石，它们大多是鱼类和贝类化石。而这类化石在深成岩中从未发现，并且以后也不会发现，这是因为深成岩是由地心岩浆冷却形成的。深成岩和沉积岩的区别见表2。

表 2　深成岩与沉积岩的区别

深成岩	沉积岩
来自地心内部的力量穿透已经形成的矿物质地层所形成	由地表上不断沉积到海洋中的物质所形成
通常表现为晶体结构	不符合完全晶体结构
不规律排布	规律的层状排布
不包含化石或其他石化的有机生物体	通常包含化石及其他曾经在沉积岩形成时期居住在海洋中的石化有机生物体
由各种硅酸盐组成，但不包含石灰石	大部分都包含石灰石的成分
遇酸不会发生气泡现象	遇酸释放气泡是唯一的检验标准，因为其中包含石灰石成分

第十三章　山脉

在我们生活的地球上，陆地面积大约占据了地球总面积的 1/4，剩下的大约 3/4 是海洋。陆地的外观很不规则，这是由不断的断裂、弯曲、折叠等运动的冲撞造成的。例如，我们会看到直冲云霄的高山旁边就是又深又长的山谷，附近却是一片广阔的平原。由于地貌非常复杂，地球的完整地貌就很难全部测出来。但通过下面的方法我们可以测量不规则的地貌。

假设把欧洲大陆上的山脉全都推平，再把推下来的物质填进山谷或均匀铺在平原上，最终使欧洲大陆变成一块巨大的平地。这时我们再测量一下欧洲大陆的高度，结果是比海平面高 300 米，我们把这个高度叫作平均海拔。以此类推，亚洲大陆的平均海拔约为 950 米，美洲大陆的平均海拔约为 700 米。由于我们还不了解非洲大陆的内部构造，所以非洲大陆的平均海拔还没有被测量出来。

整个地球上陆地的平均海拔大约为 850 米，在把地球缩小成一个直径是 2 米的地球仪后，这个高度仅相当于一张薄纸。这么薄的陆地，居然还要不断承受河水的冲刷和海水的侵蚀，而且陆地的面积仅为海洋的面积的 1/3。

为什么大自然不把这些微小的浮渣还给大海呢？如果地下岩浆持续爆发，那么整个陆地就会重新沉入海底。1822 年在智利发生了一次地震，地震过后大约 2.5 万平方千米的土地升高了 1 米。如果在海面下发生 300 次这样的地震，就会形成和现在陆地面积相同大小的陆地，如果在陆地上发生 300 次这样的地震，造成的后果就会是陆地下陷，那么所有的陆地都会消失，当然这种事情是不可能发生的。

如果陆地上所有地方的高度一样，就像前面说的被拉平的欧洲，那么世界就会建立在一片单调的土地上。也许，陆地就成了一片荒漠。

当然，山脉耸立在地球上并不是为了让人看着舒服，也不是为了向我们展现它的雄伟。山脉的存在有着更重要的意义，这种意义是积极的。如果没有山脉，地球上的水循环就会停止，土地也不会变得肥沃。在一些高耸入云的山上常年会有积雪，天气转暖的时候，这些积雪就会融化并流进河道；在风雨的侵蚀下，半山腰会出现适合植物生长的土壤，一些土壤还会被冲到山下的平原地区。就这样，山脉给它附近的平原提供了植物生长的必要条件——土和水。

这一切都是真实发生的。当地表出现山脉、平原和山谷等多种地形后，土地会变得肥沃，物产也会变得丰富。从低地到山顶，不同的海拔生长着不同的植物，如果地球上只有平原就不会有这么丰富的物产。正是由于不同的地貌，地球才会充满生机，这也是大自然的慷慨馈赠。

山脉是由地壳运动形成的，通过下面的实验，你们会进一步理解山脉的成因。

把一本书的几页向内弯折，折起的书页形成圆弧形的曲线，但书页的顺序不变，仍然是一页挨着一页，并以相同的形式弯曲，这时在拱顶下端会出现一定的空间。当我们给书页的侧面施加压力会怎样呢？一层一层的地壳在受到来自地下岩浆活动产生的震动时就会弯曲变形，然而这时地层的排列顺序不变，折叠起来的岩层就变成了山脉。

需要注意的是，地壳的折叠远比折叠书页困难，这是因为地层内部含有许多岩石层，其厚度可厚达 1 000 米甚至更深。即使是这样的厚度，在地心活动产生的巨大能量面前，也会被轻而易举地折叠。我们很难理解这种现象，因为我们会不由自主地想象身边的事实。即使是在机械的帮助下，我们也只能勉强抬起十几立方米的物体，能把高高的山脉抬起的力量真的存在吗？在地心活动产生的巨大能量面前，地层的厚度和硬度几乎可以忽略不计。就像我们用手折叠书页一样，地层在这种强大力量的作用下逐渐弯曲变形，最终形成了山脉。

当地层被弯曲后，弯曲下方会出现一个拱形空间，然而这个空间并不是很大。很明显，地壳下沸腾的物质在支撑着位于中心的深成岩，整个山脉因此被支撑起来了。假如把一座山从上至下垂直切开，在横截面上就会出现沉积岩层的横行纹路，而且是连续的和山的轮廓一致的。在这些横断岩层的下方，就是由深成岩组成的核心。很多侏罗纪时代的山脉就是这样形成的。

并不是所有的沉积岩层都会在巨大的压力下变形，有时候曲折层会断裂。熔化的地心物质透过裂缝持续向上喷涌，把遇到的一切阻碍都推开。喷出的深成岩形成山脉的顶峰，而破碎的沉积层则形成两侧的山坡。勃朗峰就是这样的结构，它的山顶主要是花岗岩，而山坡和山脚主要是包含了石灰石、沙子和沙石等沉积物。

山脉主要有两种类型：一种是地壳褶皱表现得比较明显，组成的连续隆起呈圆形，沉积层大小不一但弯曲较为规律；另一种是由于地壳断裂导致深成岩凸出地表而形成山脉。所以，在一座山的表面看到总是形成顶峰和中心的深成岩时，就说明这座山的山坡和山底是由沉积岩构成的。阿尔卑斯山和比利牛斯山就是这两种山脉的代表之一。如果你发现某地的地形由两种岩石混合而成，特别是发现了花岗岩这种容易认出的深成岩，那么基本可以断定，这里是由火山喷发出来的流体熔岩形成的。接下来，我们用一些时间来讨论一下这些证据。

种种证据表明，在地球表面的确有过一段高温时期。通过观察石灰、石灰石和其他沙石在炉膛中燃烧或锻造，就会理解这一点。下面的内容会让你理解得更加深刻。

把石灰石加热后，会产生二氧化碳和石灰。当我们把石灰石放在一个密封的容器里加热时，二氧化碳无法释放出去，于是分解过程并没有完成。这时，石灰石化学成分并没有发生变化，经过冷却结晶后，石灰石变成了像糖块一样的、紧实的白色大理石。最早做这个实验的是物理学家詹姆斯·霍尔。

石灰石在熔化的花岗岩或其他深成岩的影响下会变成大理石，这些大理石颜色各异，主要有纯白色和覆盖有色纹理的两种。正如詹姆斯·霍尔所做的实验，当深成岩被喷出遇到沉积岩后，沉积岩里的石灰石就会被熔化，但二氧化碳由于深成岩的阻挡不能释放出去。深成岩能让沉积岩变成煤炭，这和煤气厂从煤炭中分离出气体是一样的。同样的道理，其在密闭的高温环境里会被玻璃化，变成我们平时见到的石英这种玻璃状物质。在同样的环境中黏土会变硬，就像在干燥高温的炉子里被烤干一样。

从观察到的种种现象中我们得到一个结论：山脉的主要构架是从地心喷出的花岗岩，它们现在早已冷却下来。然而在变成高耸入云的山峰前，它们还是液态的熔化物。

我们已经知道，陆地的形状一定会再次发生变化，变化的程度和地壳运动有关。山脉也是这样不断发生变化的，因此有的山脉比较年轻，而有的山脉则比较

第十三章 山脉

古老。这时又有一个问题出现了，地球上的山脉是什么时候形成的？

　　在面对雄伟壮观、历史悠久的建筑物时，我们会发自内心地喜欢、欣赏它。比如，当我们来到金字塔面前时，在心里不由自主就产生了敬畏之情。然而，当你站在一座山脚下的时候，你会思考这些人工无法创造的伟大奇迹存在多久了吗？无论多么细致的研究也无法精确地得出一座山形成的具体时间，但可以排列出这些山脉产生的先后顺序。我们可以计算出某个范围内所有山脉出现的大致时间，进而得出它们相对而言的"年龄"。可以确定的是，当比利牛斯山脉还是海底沉积层的时候，汝拉山脉就已经高耸入云了，等到比利牛斯山脉直插云霄的时候，阿尔卑斯山脉还处在沉积的过程中。所以，这三座山形成的先后顺序是汝拉山脉、比利牛斯山脉、阿尔卑斯山脉，其他山脉的大致形成时间我们就无法确定了。现在让我来告诉你，我们是怎样得到这个结果的。

　　经过上百万年的沉积，沉淀在海底的矿物质逐渐变硬，最终形成水平的岩石层。这些沉积层都非常厚，组成成分也不同，有时是黏土或沙石，有时是石灰石，其中还有各个时期海洋生物的尸体化石。这就和在陆地上一样，在不同的时期里，会出现不同种类的动物。我们简单点说，如图 16 所示，假设海底的地层有 3 层。最上面一层形成的时间比较接近现在，最下面一层形成的时间比较久远，中间一层的形成时间在二者之间。我们可以试想一下，地层从海底露出海面形成的山脉是什么样的。首先看图 16 中的图 D，当 3 层地层经过同样的弯曲时，就会出现这样的山脉。接下来看图 C，当地层 1 和 2 已经形成，而地层 3 还没有形成的时候，这时的山脉只有地层 1 和 2。同理，如果海底在地层 2 形成之前隆起，那么山脉就只有地层 1，即图 B 所示的情形。通过观察图 16，我们知道了 3 种结构不同的山脉。其中，最早形成的是图 B 中的山脉，在只有一层沉积岩的时候就开始隆起了。其次是图 C 中的山脉，它有两层沉积岩。最晚形成的是图 D 中的山脉，它有三层沉积岩。

　　一般情况下，通过观察沉积层的层数就可以知道两座山中哪座形成的时间比较早。之所以断定汝拉山脉比比利牛斯山脉形成时间早，这是因为它的覆盖层中没有比利牛斯山脉中的海洋化石；由于阿尔卑斯山脉中的一些地层是比利牛斯山脉所不具备的，所以基本可以断定比利牛斯山脉的形成时间比阿尔卑斯山脉早。

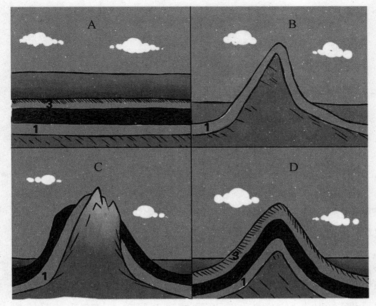

图 16

第十四章　河谷和平原

如果把地球比作一个花园，那么山脉就是花园里的蓄水池，无数河谷就是灌溉用的水渠，把无数小溪带向需要它们灌溉的地方。

这些水渠是怎么形成的呢？是河水在流淌的过程中冲刷的吗？仅靠河水的冲击力能冲破坚固的大地和岩石吗？它们能穿过前面我们提到的那些高大的山脉吗？流水是那样细小，它们能切断厚硬的矿石层吗？答案当然是否定的。建造一整套水循环系统非常困难，需要消耗的力量比推动河流向前的力量要大得多。也许一条小溪能在河床下降的时候增加深度，但只靠自身的流动循环几乎不可能在山谷里挖出河道。这时就需要地下的能量了，来自地心的巨变会将地壳弯曲断裂，进而切断山脉在地球表面形成河谷，于是就出现了河道。每一条河流都按照预定的轨迹前进，它们沿着已有的河道流淌，河谷决定了河流只能对它流淌的河床产生侵蚀。

流动的水很容易在某些以土壤为主的地质带上冲刷出河沟，比如，在下暴雨的时候，我们会看到雨水在土壤表面冲出的沟。与河谷的深度相比，水流冲出来的深度几乎可以忽略不计。河谷的主要形成方式是地壳发生曲折或断裂。地壳曲折形成的河谷一般处于连续两个曲折接合处的底部，所以河谷两侧的倾斜状态比较柔和。而由地壳断裂形成的河谷则比较陡峭，有时在河谷两侧会形成几乎能够精确地契合在一起的凸出物。

把一块柔软的黏土压平后撕开，上面的撕裂口就代表地壳断裂形成的河谷；如果把这块黏土的两边向内轻推，曲折中间的沟就代表地壳曲折形成的河谷。如果在黏土上洒一些水，水流会冲出一些细小的沟印，这个实验清楚地展示了河流的冲蚀作用。毕竟地表并不只有黏土，而且能让地壳断裂弯曲的力量也是非常强大的。

在两座山脉之间的河谷叫纵谷，它沿着和山脉平行的方向，所以山脉是它倾斜的两岸。把一座山脉分开的叫横谷，它和山脉交叉在一起，类似让雨水从屋脊流到屋檐下穿过屋顶的排水沟。大部分横谷都会收集小溪带来的高山雪水，排水沟汇集所有的雨水。这些小水流汇合进主流后，一同向山谷底端的纵谷流去，纵谷收集来自横谷的水流，这和房屋的排水槽收集来自两侧山墙上的水流一样。

相邻的河流之间的山脉叫分水岭。河流都有自己的流域，河流两边谷壁的交会线叫河流谷底线，这条线就是河流沿着河底流淌的路线。我们可以把它想象成是分水岭的倒置。

大部分河谷是慢慢变宽并最终汇集到平原上，有些河谷却不是这样，它们的海拔比较高，在群山的包围中寻找出口，希望冲出狭窄的水道，我们把这样的水道叫作隘路。古时候人们也把如此狭窄的水道叫作"民族的大门"，这是因为在当时每个峡谷都是一个独立的部落或一个民族聚居的地方。比较有名的隘路有高加索之门、伊苏斯平原之门、温暖之门、里海之门、塞莫皮莱之门等。

一些河谷源头的面积很大，呈现不规则的圆形，就像垂直的土壁包围着一片下沉的土地，这样广阔的河谷出口处也很宽大。例如比利牛斯山中的欧莱斯河谷，欧莱斯的意思是罐、壶。在法语里，它又被叫作"圆形竞技场"。接下来我们看一段大半生都在研究比利牛斯山的学者罗德曼对这个河谷的描述。

当欧莱斯河谷出现在我们面前时，我们都惊呆了。周围的两座山分别向左右两侧展开，我们好像站在了一轮巨大的新月里，两块大石头从新月的一角伸出，就像两座城堡。一条很长但很完整的山形成了新月的另一角，在山的顶部有一座没有尖的石塔伸向天空。特雷默斯的顶峰在新月两端交会的地方，这座山峰就像一根立起来的针，如果不小心从上面掉下来一定会摔得粉身碎骨。要是面积再小一些，这里几乎可以称为深渊了。这座山峰的高度大约是 900 米，周长达 10 千米以上。周围的空气非常新鲜，这是因为这里植被很多，生长的牧草足够让这片草地上的动物生存。如果这里是一座体育场，那么它至少可以容纳 1 000 万人。虽然这里的风景十分壮观，但攀登的时候也会有危险。

在山脉两侧有着两条共同起源的横谷，这个源头处于两条河谷的交会处，这两条河谷可能是由于断裂或凹陷而形成的，我们把这里叫作入口或入孔。这里也是两个斜坡的连接处，同时也是分水岭所在的地方。把两个入孔分隔开的山脊叫作顶峰。顶峰是两条互相交叉的山脊的出发点，入孔是两条背道而驰的横谷的出发点。

根据高度的不同可以把平原分为高原和低地。在地壳运动的影响下，一片广阔的区域上升形成高原，高原一般是高山的根基。

我们先来看一下奥弗涅高原。在人类还没有出现的史前时代，那时的欧洲大陆只是几个小岛，这些小岛是由火山喷发形成的，今天的伦敦和巴黎就藏在这片海域下。很久之后，欧洲大陆的一部分在海底形成了，而今天的法国也露出海面。这些小块陆地诞生的时间要远远早于汝拉山脉、比利牛斯山脉和阿尔卑斯山脉，它们就是后来的阿登、布利塔尼和奥弗涅高原。现在这3个独立的小岛已经合为一体，从原始海洋中浮现了出来。

地壳运动导致陆地浮出海面，奥弗涅高原就是这样形成的，它是我们今天生存的陆地的祖先。当时奥弗涅岛上有两个海湾，朝向南方的形成了今天的拉扎克地区，朝向北方的形成了利马涅平原。北边的海岬和小岛的海岸线成为勃艮第的一部分，南边海岬和小岛的海岸线则形成黑山及附近的区域。岛中央是一块平原，主要由花岗岩构成，包含的范围包括现在的奥弗涅、昂沃莱、弗雷和利穆赞等地。今天在法国境内看到的大多数死火山也在这时形成。

高原的地势很高，在下雨的时候，上面的土壤就会被冲击到地势较低的地方，让平原地区变得更加肥沃。所以，很多高原上的土地都非常贫瘠，如弗雷高原，这是一个石灰石高原，面积大约是120平方千米。然而在如此大面积的土地上，只能种植少量的土豆和燕麦，而且在这里也很难找到一条小溪或是一棵树。不过，高原上的居民可以通过放羊来维持生计。高原上的气候也很寒冷，虽然弗雷高原地处南方，但这里的冬天依然寒冷难耐。

在热带地区，高原的面貌大多是高高的岛屿。所以，虽然它们处在热带地区，但气候却不那么炎热。热带地区的居民都喜欢生活在这样的岛上，因为这里能够很好地散发热气和污浊的气味，非常有益健康。厄瓜多尔的基多、秘鲁和墨西哥的气候就是这种海洋高原气候。基多在赤道附近，它的周围是常年积雪覆盖的皮钦查山、钦博腊索山和安提萨那山。虽然海拔超过2 850米，但这里却不像其他相同高度的地区一样终年积雪，反而是四季如春，到处是一片生机勃勃的景象。

著名的波托西银矿位于海拔 4 165 米的秘鲁高原，这个高度几乎和勃朗峰相同。墨西哥的首都墨西哥城坐落在海拔 2 230 米的地方。在这片高原上，最初来到这里的探险队发现了许多古老的文明。

在地球上，平原的面积几乎是陆地总面积的 1/3。大多数低平原是河水冲积而成的，所以它们的土地非常肥沃。此外还有另外一种平原，它们主要由鹅卵石或沙砾构成，这种平原不适合进行农业生产，法国的克劳平原就是其中的代表。关于这个平原的形成，流传着这样一个故事：有一次，大力神赫拉克勒斯被一群巨人袭击，他立刻拿起短棍还击，于是打出了今天的直布罗陀海峡，从地中海到大西洋的通道就是这样产生的。巨人们一直把赫拉克斯追到希腊，这时赫拉克斯已经筋疲力尽，眼看就要被打倒了。这时，突然从空中落下许多石头，巨人们被击退。从此以后，布满石块的克劳地区就形成了。

当然这只是一个传说，比较科学合理的解释是：在很久以前，从阿尔卑斯山上流下一条大河，即现在已经水流不是很大的杜兰斯河。这条河水流十分湍急，并且从山上带下大量的石头。等到水流变缓的时候，这些石头就留了下来。尽管这里干旱少雨，但依然可以进行放牧，牛羊能从石块下翻出美味的青草。酷热难耐的时节，这些牛羊就会被转移到牧草充足的阿尔卑斯山多芬草场。

吉隆特河和比利牛斯山之间是一片广阔的沙质平原，这里的景色非常单调，生长的植物也只有石楠花和野草。在法国还有很多没有被开发的平原，上面同样到处是石楠花的粉色小花朵。吕内堡荒原位于北莱茵－威斯特法伦州，它的面积大约是 7 200 平方千米，但是在这里生活的牧羊人大多是从法国西南部的加斯科尼平原迁来的。

不同的国家对适合放牧大平原有不同的叫法，如大草原[1]、大平原[2]、稀树大草原[3]、南美大草原[4] 等。其中，面积比较大的主要分布在里海地区、西伯利亚和南美洲。

亚历山大·冯·洪堡发现，在南美的潘帕斯草原上，北部终年是积雪，南部

[1] 译者注：原书是德语，意为半干燥的大草原，如西伯利亚或中北美洲的草原。

[2] 译者注：原书是西班牙语，特指南美洲广阔、多草、几乎没有树的平原。

[3] 译者注：这个词源自泰诺语，指热带或亚热带的平坦草原。

[4] 译者注：原书是为西班牙语。

却生长着大量的棕榈树。虽然草原上有着肥沃的土地和充沛的降水，非常适合植物生长，但这里在欧洲探险者到达之前仍然十分荒凉。这里没有喷泉和水井，甚至很难找到一棵树。欧洲人来到这片土地上后，畜牧业在草原上迅速兴起，居民的数量也越来越多。

在草原上还生活着一种穴居的野狗，它们经常给人类造成伤害，当地居民也学会了如何防御它们的攻击。在草丛里还有没被驯服的牲畜，还有从欧洲进口到这里的家畜。草原上分旱季和雨季两个季节，旱季到来的时候，这片草原就处在烈日的烘烤之下，植被由于炙烤而被晒干变成粉末，土地也被晒裂。天空上只有巨大的太阳，整个天空仿佛要掉下来压住荒凉的草原，空气中的热浪让人喘不过气，就算刮起风，扬起的也只有烫人的尘土。这时候很多动物会躲进洞里休息，雨季来临时再出来活动。

干旱和饥饿不断折磨着马、牛等动物，它们无精打采地走在草原上，马张大了鼻孔，希望找到周围还没有干涸的水坑，牛伸长脖子发出嘶哑的叫声。成千上万的动物在干旱中死去，它们的尸体逐渐腐烂成一堆白骨散落在草原上。1827年到1830年，在阿根廷发生了一次严重的旱灾，造成上百万头家畜死亡。饥渴让牲畜变得狂躁不安，当大群牲畜来到巴拉那河河畔后，很多牲畜被同伴踩死，它们的尸体堆满了拉普拉塔河河口。

干旱也使一些动物变得聪明起来，例如骡子就找到了一个缓解干渴的办法。在平原的一些地方，生长着许多带刺的仙人掌，这种植物含水量很高。骡子发现仙人掌后，先用蹄子把针刺扒倒，再小心地吸吮里面新鲜的汁液。虽然只能喝到一点水，但这足以让它们活下去。在旱季的草原上，经常会看到被仙人掌刺扎伤蹄子的骡子。

夜幕降临后，酷热终于告一段落，但家畜们并没有得到休息的机会，它们遭到了蝙蝠的袭击。蝙蝠吸完血后，家畜的背上会留下深深的伤口，炎热的气候使伤口发炎溃烂，蚊蝇也会趁机攻击。更可怕的是干燥的树木和野草很容易引起火灾，大风会把大火带到更远的地方。牲畜看到火光后，会被恐惧刺激得更加疯狂，它们不顾一切地嘶吼着往前冲。如果被大火包围，它们会被烧死。这么多的不幸，只有在雨季来临时才会结束。

雨季到来后，草原上就发生了巨大的变化。在大地完全被浸湿之前，草原上就长满了高高的草，美洲虎就躲在草丛里寻找食物。美洲虎身上披着黄褐色的皮毛，上面点缀着黑色斑点，猎物进入攻击范围后，美洲虎会突然一跃而起，把想要逃跑的猎物抓住。在水边也有凶猛的捕猎者，随着水边土地的慢慢膨胀，地面上的泥土突然像火山喷发一样喷射到高空，巨蟒或者鳄鱼就这样突然地袭击猎物。

随后，草原上迎来了久违的大雨，整个平原仿佛变成了一片海洋。在干旱和饥渴中坚持了半年的动物们，从现在开始逐渐进入水陆两栖的生活状态。大地慢慢变小，很多动物转移到地势比较高的地方，这些高地就像浮在水面的小岛。食草动物们在发臭的水中挤在一起，一边向前游一边寻找牧草，然而只有少数动物能幸运地找到。许多新出生的动物被水淹死了，还有一些家畜则被鳄鱼抓住，鳄鱼把家畜撕裂然后吞掉。即使不被吃掉，这些家畜的身体上也会留下巨大的伤疤。

第十五章　勃朗峰

　　燕子是一种善于飞行的鸟，一对细长的翅膀在飞行时像两把剪刀划破天空，又像一支离弦的箭直冲九天，它的最高速度可达到每小时 120 千米。然而你是否注意到，当夏天结束的时候，燕子就不知道躲到哪里去了。

　　燕子有很强的飞行能力，到达遥远的地方对它们来说轻而易举，这是人类无法比拟的。假设一个人从天亮的时候就开始爬山，一整天都几乎不停下来，在傍晚的时候，这个筋疲力尽的人终于爬到山顶。倒在山顶的他就会想：我终于爬到这里了，这真令人骄傲和自豪啊！此时，突然有一个黑点从下边蹿上来，从他眼前一闪而过后继续向上飞，很快就从他的视野里消失了。这个黑点可能是岩燕，它穿着黑色的衣服，拍动着翅膀，轻轻松松地就飞到人类一天才达到的高度。转眼之间，它就从谷底飞向山顶，然后又从山顶飞向石缝中的巢穴。

　　虽然我们没有翅膀，但是我们有战胜困难的顽强毅力。为了能像鸟类一样在天空翱翔，人类发明了热气球和飞机；为了可以更清楚地看到天空，人们在鸟类都难以逾越的高山上安装了天文望远镜。有些人为了增长见识、拓宽视野就勇敢地去攀登最高峰，其中有些人甚至失去了宝贵的生命。顽强的意志、求知的欲望，让人们在面对山峰的时候有了足够的勇气战胜困难。欧洲有一座名为勃朗峰的山峰，它的高度大约是 4 807 米，这个高度足以傲视欧洲了。它位于法国和意大利边界，山峰上终年的积雪在阳光的照射下发出金色的光芒。下面就是一些攀登勃朗峰的事例，从中我们能看到人类顽强的奋斗精神。

　　瑞士探险家本尼迪克特·德·索绪尔非常喜欢登山，在他 20 岁的时候他就下定决心，一定要登上勃朗峰。许多年以后，他还拿出巨额奖金，准备奖给第一个征服勃朗峰的人。他本人也进行了很多次尝试，但最后还是没能成功登顶。终于有一天，一个叫杰克·鲍曼的年轻人登上了这座被认为不可征服的山峰。

当时鲍曼只有 25 岁，他有一个能忍受饥渴的胃和一双有力的腿，他还不断训练，使自己能够在只喝雪水的情况下连续走三天。他也立下了一个目标，那就是一定要登上勃朗峰，并且随着时间的推移，这个目标更加明确。在一个他觉得时机适当的早上，他整理好装备出发了。夜幕降临的时候，他已经身处一片白雪覆盖的高原上了。他只能选择在山上过夜，但这里没有避风的场所。找了好久之后，他在一个相对干燥、风不是很大的地方休息。他先坐在包上，然后把脸包好，同时不断地踩脚拍手取暖。夜里突然下起了大雪，第二天天亮的时候，鲍曼身上都是雪了。鲍曼拍打掉身上的雪继续前进，但大雪已经把地面完全覆盖了，并且还刮着大风，在这种天气里继续向上爬会有生命危险，所以他决定先放弃。在下山的过程中，他找到了另一条下山的路。

后来，又来了另外一群登山者也准备征服勃朗峰，鲍曼决定和他们一起前往。重新准备好后，鲍曼就去和这队登山者会合了。走了一段时间后，他们发现已经无路可走了，两处让人望而生畏的峭壁出现在眼前，中间是一条狭长的岩石壁，只有越过岩石壁才能继续向前走。大家都认为这个任务无法完成，只有鲍曼坚持往前走。只见他跨坐在岩石壁上，然后慢慢向前爬。人们一见无法阻止鲍曼，就留下鲍曼一个人，下山去了。

经过几小时小心翼翼的爬行，鲍曼只移动了 1 000 米，这时前方又出现了一个巨大的岩石，他无法继续前进了。鲍曼只好坐在那里休息一下，这时一起来的人早就下山了。鲍曼也动摇了，他不知道该继续向前走还是该回去追上大家。最后他下定决心，一定要坚持下去！于是他整理好装备继续向上攀登。

天快要黑的时候，他已经来到大约 4 000 米高的地方，人们把这里叫作大高原地带。这里的面积大约有 2 万平方米，都被冰雪覆盖了，就像用冰雪做的梯田。而且这里很危险，雪崩是常有的事，风也非常大。即使山下是炎热的夏天，这里最高的温度也不会超过 0℃。在白雪反射的光的刺激下，鲍曼几乎看不到前边的路。此时黑夜已经来临，鲍曼躲在一处背风的地方休息，准备明天继续前进。

在几乎没有任何保护措施，没有外人帮助，甚至没有经过专业登山培训的情况下，一个年轻人只凭借一股勇气和顽强的意志对抗一切艰难险阻，这不得不让我们感到震惊和敬佩，下面看看鲍曼是怎么描述这个惊险的过程的。

我把背包放下，闭上眼睛休息了一下，让自己的姿势舒服一些。当我再次睁开眼睛，已经是夕阳西下了。这时我看到了这辈子都没见过的壮丽景色，也不知道以后有没有机会再见到。我头顶是一片晴朗的天空，虽然没有云，但略有些阴沉。在逐渐变黑的环境里，被雪覆盖的山峰却反射着光芒，就像教堂上银白的拱顶，快要接近苍穹了。山脚下是一片广阔的平原，一轮红日慢慢地下降。由于山很高，所以出现了奇怪的景象，那就是要向下看才能看到太阳。虽然太阳慢慢钻进了地平线，但它的光芒却不甘心完全消失，依然在地平线的尽头发出耀眼的光芒。在我下面 2 000~3 000 米的地方，云层逐渐变厚。它们好像被一阵微风从平原托起，又像是起伏的潮水在半空中慢慢飘浮。太阳散发出最后的能量，把发红的光线洒满天边，远处大大小小的山峰都变成了玫瑰色。接下来升起的是阴影，似乎一片浓雾也随之而来了。最后，我周围完全陷入一片黑暗。此时勃朗峰的顶端依然发出白色的光芒，就像海边的灯塔。不久，黑夜占据了一切。

　　这时我产生了一种恐惧感，周围静得可怕。为了给自己壮胆，我开始放声唱歌，但在这里唱歌完全得不到回应，甚至我的歌声都有些奇怪了，这让我感到十分不解。我决定停止唱歌，但我的恐惧仍在继续。虽然我现在不饿也不渴，但我还是把冻硬的食物拿了出来。食物硬得像石头，让人完全没有食欲，所以我又原封不动地把它放回包里。在这里我把出发的那个小镇——沙木尼尽收眼底。天刚刚黑的时候，小镇上的灯都亮了起来，但此时已是深夜，所有的灯都熄灭了，让人觉得非常冷清。我想，我的朋友们在这时会做什么呢？他们可能已经穿好睡衣准备睡觉了，嘴里还在不停地说："这个疯狂的鲍曼，我们希望你能活着爬到山顶啊！你做得对，要永不放弃！"

　　现在我的脚下非常冷，如果我不每隔几分钟就起来活动一下，那么我会在原地被冻硬。我感觉身体的热量在一点点散去，只有不断地拍打才能让我感到温暖。这时我的头部也像是被什么东西夹住了，夹得很难活动，更可怕的是，我越来越困了，一种接近死亡的忧伤好像充满了我的头脑。我不断地告诉自己：千万不要睡着，如果睡着就可能再也醒不过来了，因为睡着后的身体无法抵挡寒冷。

　　我只好观察天上的星星，但它们都不大，只是在空中发出微弱的光芒，这点光亮让我能够看清周围山脉的形状和距离的远近。午夜时分，整个山峰陷入一片黑暗，太阳落山时形成的云层把我围住了。突然开始下雪了，我立刻把自己包好等待天亮。气温持续下降，不久之后我呼出的气在脸上结冰，衣服被雪打湿后也

开始结冰。虽然风不是很大，但打在脸上就像是用钢针扎的一样。我用手一摸疼痛的地方，竟然摸到了血迹。在这么冷的天气里，裸露出的皮肤就像树皮一样皱皱的。

比起我白天看到的，这些还不能让我感到最糟糕。白天的时候我看到了许多巨大的裂缝，我不知道自己现在是不是站在某个深坑上面，也不知道我脚下的雪是不是盖着一个深深的峡谷。脚下的冰雪能承受住我的重量吗？说不上什么时候，我脚下的雪就会裂开，于是我就会掉进深渊里，甚至来不及呼救。在黑暗中我不敢到处移动，因为我不想迷路，更不想掉进峡谷里。

突然，远处传来了一声巨响，接着是山脉剧烈的抖动，然后是一阵碎石滚动的声音，但很快周围又安静下来了。在山上我听到了好多次这种声音，这是由于山体上的雪滑下来造成的。虽然知道产生这种声音的原因，但我还是不能保持冷静，因为我不知道自己会不会被山上滑下来的雪埋住。

寒冷和恐惧占据了我的身体，直到凌晨两点，天空中终于出现了第一道曙光。这是一个重要的时刻，因为两小时之后，我的恐惧感将会彻底消失。这意味着没有经过任何野外生存训练的我成功地挺过了一夜，我可以继续前进了。我从一个被冰雪覆盖的峭壁开始前进，这里很滑，我无法站立。我用力扣住登山杖在冰面上打的洞并努力向上爬，但不久之后我就觉得筋疲力尽了。在这种一边开路一边爬行的情况下，平衡是很难把握的。虽然非常艰难，但我还是成功地爬了过去。再也没有任何悬崖峭壁给我造成阻碍了，我激动地在山上高喊。然而此时地面已经像镜子一样光滑，无法找到新的道路。寒冷和疲劳严重损伤了我的身体，我只能回去休整，为下次攀登做准备。于是我回到山下，这时我的脸已经肿胀不堪了，眼里布满了血丝。我来到一个仓库后，立刻摔倒在一堆干草上，当我再次睁开眼的时候，已经是两天后了。

1786年8月7日，鲍曼又开始了对勃朗峰的征服，这次他还带着帕卡德医生一起前往。这天晚上，两个人来到波松冰河[1]的起点处，他们在这里盖着厚厚的羊毛毯子舒服地过了一夜。第二天早上，他们小心翼翼地走过布满裂缝的冰川区。医生是第一次来到这里，虽然他也很担心掉进冰坑里，但他还是紧紧地跟着鲍曼。终于，两人有惊无险地穿过了冰川区。快到中午的时候，他们来到大高原

---

[1] 波松冰河，在法语中的意思是"从地面隆起的冰河"。

地区。当鲍曼把自己之前走的路线指给医生看时，医生继续攀登的热情立刻被前路的艰难熄灭了。

在鲍曼的鼓励下，医生又振作起来，他们沿着鲍曼之前在峭壁上开辟的道路前进，两小时后，他们终于翻过峭壁。这时，暴风雪突然发动袭击，他俩都担心自己会被刮飞。虽然医生把帽子紧紧地系住，但帽子还是被风瞬间扯掉了。暴风吹着大雪盘旋直上，形成一股暴雪龙卷风。他们只好趴在地上避风，但气温实在是太低了，他们不敢趴在地上太久，否则就会被冻僵。这时医生再也不想继续走了，如果不是鲍曼一直鼓励，医生早就放弃了。

大风终于停止了。风停下来后他们继续前进，前方的道路已经很好走了，路面也不是很光滑。但是越往上爬呼吸就越困难，医生已经喘不过气来了，每隔一分钟就要停下来大口大口地呼吸。这时鲍曼也觉得呼吸困难。又走了不知多久，他们把全身的力气都用来呼吸了，继续前进几乎是不可能的了。就算当时发生雪崩，他们也没有逃命的力气了。医生的情况比鲍曼还要糟糕，有时鲍曼不得不去帮助他。对他们来说，疲劳、缺氧、低温都是致命的。

他们就这样互相搀扶着前进，几小时后，当鲍曼再次抬起头，他发现他们几乎来到山顶了，因为他们眼里看到的只有天空。走了几步后，他们终于来到勃朗峰的顶端。看着周围的一切，鲍曼开始产生怀疑，是不是错觉？前边应该还有山坡吧？那样的话他真的无法继续前进了。他再仔细一看，眼前可以确定没有任何阻碍了。就这样，他们的旅程画上了句号，鲍曼终于征服了勃朗峰。

他们在山顶休息了半小时后开始返回，上山时经过的道路再次被甩到身后。这天夜里，他们终于来到冰雪覆盖的地方，两个人找了个岩洞过夜。

第二天一早，医生说："我怎么听到了鸟叫的声音？现在是黑夜啊！真奇怪。"

鲍曼说："早就天亮了，可能是你的眼睛坏了吧。"

眼睛在积雪反射的阳光的刺激下会暂时失明，医生现在就是这种情况，而且这时鲍曼的眼睛也受到了严重的刺激。当他们回到沙木尼时，两个人的状态不禁让人深深地担忧：一个人只能看到很近的东西，完全靠登山杖掌握方向；而另外一个人完全看不见了。经过充分的休息，两人的眼睛都恢复过来了。第二年，鲍曼和索绪尔再次攀登勃朗峰。

第十六章　索绪尔攀登勃朗峰

　　1787年8月1日，索绪尔在鲍曼和18个向导的带领下开始攀登勃朗峰，这些向导带的是索绪尔将要用到的一些研究仪器。索绪尔这样说：

　　当天晚上我们来到寇特山顶端的花岗岩石群，鲍曼和医生在攀登勃朗峰的第一天也是在这里过夜的。这一段山路很好走，在小块岩石和草地上没有任何危险。当我们走过这段路的时候，接下来就都是被冰雪覆盖的地方了，一直到勃朗峰顶端。接下来的路程对体力是严峻的考验，我们必须穿过一个布满了又宽又深的深渊的冰川地区。这段路很危险，稍不注意就会掉下去。一般情况下只有一条路能通过，那就是从坚硬的拱形冰桥和尖锐的冰脊上跨过。冰桥像普通的桥梁连接桥两端，但走在上面心里会非常害怕，担心这座脆弱的冰桥随时会被压塌，走在上面的人也会掉进深渊。有时候我们还会下到大坑底部，再从另一侧开辟道路爬过去。这些大坑两壁几乎是垂直的，比镜子还要光滑。最危险的情况是，如果踩到被薄冰覆盖的深渊，就会立刻掉下山崖。

　　刚开始的时候我们走得比较轻松，大家互相聊天，开着玩笑，有时还会比一比谁走得快。然而当我们来到极其危险的地方时，大家不禁闭上了嘴，十分小心地前进。队伍每两三个人组成一组，用绳子把组员连在一起，每组之间间隔2～3米。每组都是一个跟着一个往前走，后面的人要和前面的人保持步伐一致，每一步都要踩到前面的人的脚印上。即使我们走得非常小心，但还是有一个向导差点丧命。当时他走在最前面探路，脚下突然一滑，他疾速下落，幸好他和其他组员用绳子绑在一起，队友立刻把绳子拉紧才救了他一命。当时我目睹了这一切，我的心脏都被吓得停止跳动了。

　　我们用了三小时的时间才穿过只有1.5千米的冰川区。穿过冰川区后，一个大峡谷出现在我们面前。峡谷被积雪盖住，下面是纵横交错的深渊，冷风不断从下边吹上来。站在边上向下看根本看不到底，陡峭的两壁是厚厚的积雪层，冰山在雪崩的作用下变得扭曲。其他人都想在这里找个避风的地方过夜，但我决定再往上走一段距离。我对他们说，我们可以在前边挖一个深坑，然后用帐篷把深坑盖住，这样我们就可以不怕暴风雪和低温，也就能好好休息了。听我这么一说，大家的恐惧减轻了不少，都同意继续走了。

我们来到大高原地区的时间是下午4时，在这里我们又花了很长时间寻找睡觉的地方。除了低温，我们还要考虑其他危险。首先，我们找的地方要能够抵挡突然发生的雪崩；其次，还要看看下边是不是被冰雪覆盖的深渊。我们20个人散发的热量，很有可能会让我们身体下方的冰雪融化，然后，我们20个人就会一起掉进深渊。经过仔细寻找，我们终于发现一处比较安全的地方。

地方选好后大家就开始挖掘，但由于这里海拔高，所以空气很稀薄，这些精力十足的人很快就觉得呼吸困难了，挖一会儿就要休息一下。帐篷能给大家平安过夜提供重要的安全保障，但久久不能搭好帐篷让大家很急躁。事情陷入了两难的境地：如果不搭帐篷直接坐在外面，我们就会被冻死；但要是继续挖下去，我们就会更加疲惫。

最后，帐篷还是搭好了，大家立刻钻进帐篷。虽然这个帐篷很小，大家在里面也觉得非常拥挤，但重要的是我们终于可以平安度过一个晚上了。

第二天早上，我们起床后又准备了很长时间。首先，我们把雪融化，用雪水做早饭和作为今天的饮用水。吃完早饭，我们就用黑纱包裹住头部出发了，这么做的目的是保护我们的眼睛不被雪地反射的阳光刺激到。穿过大高原地区后，我们在一处斜坡下休息，希望经过这次休息后，我们能在不再休息的情况下有充足的精力穿过这片坡地。但我们都知道这是不可能的，因为这里空气稀薄，我们呼吸都很困难。一旦感到疲劳，这种感觉会越来越强烈，让人再也不想走了。而且这是一个很陡峭的斜坡，左侧还有一个很深的悬崖，这是一段非常危险的路程。

最前面有一个人拿着工具开路，其他人都跟在他后面小心地行进，如果走错就可能掉进深渊。快到山顶的时候，冰层变薄了，踩上去会发出"咔咔"的响声，仿佛在对我们说：如果你不能保持平衡，那么我就会把你摔下去。此时众人已经顾不上危险了，只要还能继续前进，我们就会坚持下去。我和两个向导一队，我们分别抓住两根长棍子的两头，就像扶着一个扶手，在悬崖间排成一路纵队往前走。

上午9时，我们距离顶端大约还剩下300米，我们脚下都是冰雪层，没有深坑。于是我认为至多45分钟我们就能到达山顶。但事实证明我的估计太乐观了，因为空气稀薄给我们带来了巨大的麻烦，让这一小段路变得无比艰难。前进10分钟左右，我的力气就完全耗尽了，如果继续走可能会晕倒，于是我们不得不停下来休息。坐下来后，我的体力恢复了，于是我就乐观地认为，不用再休息我们就能到达山顶。但又走了不到一分钟，我乐观的想法就破灭了。大家和我的感觉是一样的。随着时间的流逝，我也越来越着急，因为我要利用白天在山顶做一些实验。于是我打算每次少休息一会儿，然后少走一会儿再休息，但这是没有用的。迎面吹来的寒风使我们振奋了一些，如果朝着大风猛吸几口气，那么我们会多坚持几步。中午11时，我们终于用2小时的时间走过这最后的300米，我们终于登上了勃朗峰峰顶。

刚一站在山顶，我就立刻远眺沙木尼，我的家人正在那里等我，他们这时正在用望远镜焦急地看着我们。在出发前我和他们约好，如果他们看见我到达山顶就升起一面旗帜，让我知道他们已经不再担心了。当那面旗帜出现在我眼中的时候，我心里有了一种说不出的感觉。匆匆看了一下山上的景色，我便开始准备做实验了。

当登上山顶的时候，我觉得我的期望并没有完全得到满足，我想的还是这个艰苦的过程，辛苦的付出冲淡了喜悦感。不过，当坐在山顶时，我还是觉得我的付出是值得的。湛蓝的天空上，太阳发出耀眼的光芒。向四周望去，眼中尽是"低矮"的山峰，我开始怀疑自己是不是在做梦。在冰河等外力的侵蚀下，周围的山峰变得非常尖，仿佛一群带着戈矛的士兵在保卫着中间的领袖。向山谷中望去，成百上千的冰川反射着太阳的光芒，显得美丽而神奇。再向南望去，就看到了广阔的伦巴第平原，北面则是日内瓦和纽奇特而湖，更远的地方是汝拉山区。左侧是阿尔卑斯山的太子妃峰，它连接着辽阔的法国平原，右面则是郁郁葱葱的瑞士山脉，山下的瑞士牧场仿佛一块巨大的绿毯。

虽然眼前的景色很美，但我还是要停止欣赏，因为我要做实验了。但当我开始准备做实验的时候，我发现每隔一会儿我就要通过深呼吸的方式让自己舒服些。

如果我待在那里不动，就会觉得好一些，然而一旦我开始集中精神关注某个事物或者活动的时候，我就要立刻停下来深呼吸。一起来的向导们也是这样，他们完全吃不下东西，即使是喝酒也不能让他们振奋起来，他们只想喝冷水。很多人实在无法忍受下去了，他们选择走到海拔比较低的地方去尽情地呼吸。

由于这里空气非常稀薄，所以我们都呼吸困难，觉得很不舒服。气压计的水银柱在勃朗峰峰顶停留在 43 厘米处，如果在平原，会停在 76 厘米处，也就是说这里的空气量只相当于平原地区的一半。为了维持生命，人要在一定时间内吸入一定量的空气，但这里空气量特别稀薄，所以我们在这种条件下会觉得很难受。

随着呼吸频率的加快，我们的身体开始发热。爬上山顶的辛苦我们都忍受下来了，但却被稀薄的空气折磨得生不如死。经过了长达 3 小时的休息后，我们才开始进行实验。这时我的助手的心跳次数达到每分钟 112 次，我是每分钟 100 次，鲍曼稍微好一些，他是每分钟 98 次。如果在平原地区，我们的心跳次数会在每分钟 70~80 次。与此同时，我们还被口渴折磨着，但我们不想喝酒，更不想吃东西。

我们现在非常口渴，嘴里好像燃烧着一团火焰。我测量了一下，这里空气的湿度只相当于平原地区的 1/6。如果抓起一把雪吃掉，干渴的感觉会更厉害，我的助手在一边不停地用小木炭炉把积雪融化成水给大家解渴。但雪的融化速度很慢，因为这里空气稀薄，木炭无法快速燃烧，并且木炭燃烧也会消耗大量的氧气。

空气稀薄还会引起声音变小，现在我们之间的距离要是超过 20 米，就听不见对方说什么了。如果在这里开一枪，那么枪声会微弱得像是在远处燃放了一个爆竹。

值得庆幸的是这里的天气还不错，中午时温度计显示这里的温度是 −2℃。在向阳的山坡上，会更暖和一些，很多人躺在背包上晒着太阳。

山上的空气稀薄而纯净，即使在白天也能看到头上微弱的星光，我们被这美丽的景象迷住了。想要看到我说的景象，就要选择在阴影处观察，因为星光实在是太微弱了，很容易被太阳光掩盖。有人曾经被这湛蓝色的天空吓退了，当他们爬到一个山坡上时，发现头上的天很蓝，于是他们就误以为前面拦路的是一个无法跨越的深渊。然后这些人立即返回沙木尼，并对大家说："那里有一个巨大的深渊，勃朗峰是无法攀登的。"

我们没有在山上看到其他动物，只看到了两只飞舞的蝴蝶，它们可能是被大风吹到这里来的。我一直看着它们，看到它们在冰川里时隐时现，漫无目的地到处飞，仿佛在寻找它们熟悉的灌木丛，但却再也找不到了。大风把它们带到这里，使它们筋疲力尽，最后它们很可能会永远地留在这里，直到被冰雪覆盖。

　　又过了三个半小时，我们开始返回，第二天终于回到沙木尼。由于吸取了鲍曼和医生的教训，我们都用黑色纱布包住了眼睛，所以我们的眼睛没有出现暂时性失明。

第十七章　佩尔杜山

1797 年 8 月的一天，探险家雷蒙德和向导来到佩尔杜山的冰川区考察。这里是世界上海拔最高的牧羊场，雷蒙德这样描述道：

我们在这里遇到两个西班牙牧民，这两个人每天在这里放牧，过着迁徙流浪的生活。他们居住的地方是一个小小的石屋，这个石屋只能容下他们两个人日常起居，但这已经足够了，因为他们只是在这里临时住一段时间而已，要是他们能找到一个可以容身的岩洞，那么他们也不会搭建这个小小的石屋了。

虽然这两个牧民每年都来这里放牧，但他们对常年被冰雪覆盖的地方完全不了解，直到一个西班牙商人来到这里。由于职业的原因，他对这一带还比较了解，并且知道如何开辟道路。后来的事实也证明，这个商人能比两个牧民给我带来更大的帮助。

我们出发了。我们前方是一片冰川区，上面盖着厚厚的积雪，有积雪会比较容易攀登。虽然这个坡很陡峭，但也不至于无法攀爬。另外，冰川区对面是一个隘口，通过这个隘口我们可以到达佩尔杜山。当我把我的计划告诉大家时，两个牧民非常惊讶，他们认为这太冒险了。最开始只有商人支持我，其他人都不说话。在我强烈的坚持下，大家都同意按照我的路线前进。商人更是迫不及待，他早就起身出发了，并且很快就从我们的视线里消失了。

不久之后，我们就来到一片布满岩石和沙砾的地方，这些物质是冰山带来的。危险的旅程从这里正式开始，我们都希望经过这片地区后就能看到佩尔杜山。刚开始的时候积雪比较结实，并且坡度也比较缓，所以我们走得非常轻松，于是我们自信满满地前进了。然而我们只高兴了几分钟，前进就变得有些困难了。抬起头一看，坡度越来越陡。于是我们不得不放慢了脚步，一边前进一边商量接下来该怎么走。过了一会儿，脚下的冰雪逐渐变硬，地面也越来越滑，虽然我们的鞋底都有钉子，但也很难走快。于是我们排成一路纵队前进，后面的人踩着前面的人开辟的道路走。我们小心翼翼地踩在光滑裸露的冰川上，沿着"Z"字形路线向上攀登。一小时后，我们终于安全地通过了一个危险的陡坡。这时我们忽然看见有人趴在光滑的岩石上呼救，原来是先出发的商人。

这个大胆的人，在没有任何工具的情况下就想翻过冰坡。由于装备不足，他从冰坡上迅速下滑，我们都看到了这个让人惊心动魄的过程。人如果从上面滑下就很难停下来，还好他停了下来。我们虽然很想立刻跑过去帮他，但脚下的路让我们不得不慢慢挪过去。最后我们终于把他救了下来，让他和我们一起走。他丢了很多东西——帽子、外衣、装着货物的包裹，更糟糕的是丢了登山杖。我们没有多余的登山杖，所以他只能徒步前进了。我们先帮他找掉落的东西，找到了他的帽子、外衣和包裹，但登山杖却怎么也找不到了。他的表情很沮丧，我们耐心地劝慰了半天，他还是非常紧张。结果我们不但没有把他劝好，他不安的情绪反而影响了我们，因为我看到了其他人脸上的踌躇神态。我还是不想改变原来的路线，然而我们攀上这个斜坡的计划却以失败告终了。

如果我们能顺利地越过这片冰川，胜利就离我们不远了，但这时我们都累得上气不接下气。脚下是又厚又硬的冰层，山顶是皑皑的白雪，那里是山的脊梁，它正挺直了身躯和头上的天空傲然对立。摆在我们面前的问题只有一个，那就是如何克服这些困难。我们不断互相鼓励、互相打气，只要向前走一步，就离胜利近了一步。原来被冰山挡住的隘口，这时也慢慢出现在我们的视野中，随之而来的是一股强劲的大风。

我们鼓足力量继续前进，终于在即将累倒的时候来到山顶，面对焕然一新的景色，我们都欢呼起来。

有人说："今晚我们在这里过夜吧，明天再出发，应该会很快到达。"

我问："如果今晚突然降温怎么办？"

"只有一个晚上，明早我们早点出发就一定能完成任务！"

"但我们需要吃东西啊。"

"一个晚上而已，我们能挺过去的。"

我们陷入了激烈的讨论中，之前的小心翼翼早就被我们抛到九霄云外去了，在大家高涨的热情面前，惊险的冰川也显得非常容易战胜了，就连天上阴沉沉的云层也不那么让人讨厌了。突然，一阵巨大的响声从云层里传出来，回声在山谷间乱撞。大家的热情立刻消失得无影无踪，即使是胆子最大的人也被吓得发抖。因为我们觉得会有一场暴风雪降临，那样的话我们可能会被困在山上。幸运的是这只是一次雪崩，积雪像洪水一样向山谷冲去，山间飘起了白色的雪雾。看到这种景象，大家再也不想继续攀登了，脑子里唯一剩下的想法就是该怎样立刻从这里逃走。

　　一个月后，我又开始踏上征服佩尔杜山的旅程。我打算先在牧民的石屋里过一夜，因为这样可以节省一些时间，也可以充分利用第二天白天的时间。当我走进石屋时，发现里面已经空空如也了，原来的主人已经离开这里。石屋周围原来是一片茂盛的草场，现在这里已经是枯黄一片了。一个月的时间里，我亲眼看到了这里的春去秋来。

　　第二天天一亮我们就上路了，路上的冰川也和之前不同，原来的积雪早已融化，脚下只有闪着光亮的厚厚的冰层，人走过不会留下任何痕迹。我们都穿着带钉子的登山鞋，但也很难稳稳地走在冰面上。就算我们用尽全力把登山杖往冰面上扎，留下的也只是一个小小的白点。幸好我们还准备了凿冰器，在凿冰器的帮助下我们缓慢地前进。这个过程异常艰苦，要不是意志坚强，我们可能早就逃回去了。在冰川上有两条巨大的裂缝，裂缝像两道排水沟从上直切下来。冰川表面到处是坑洞，我们不光要避开这些坑洞，还要保持身体的平衡，以免掉进深深的裂缝里。随着高度的增加，山坡也开始陡峭起来。

　　我们在冰川区的一座大山峰处停了下来，因为我们不知道该怎么继续往前走了。有人提议说我们应该从边上走，这样就能绕过这个障碍了，但这个方法我一直不想使用。我先来说一下绝壁边缘是什么样子的，这样你们才会更好地了解其中的危险。这是一条锐利得像刀锋一样的山脊，一个像漏斗的大坑把它和岩石群分隔开来。之前要是有人提出这个建议，我们肯定会认为这太荒谬了，然而这却是我们目前唯一的选择。在爬过几乎是垂直的12级台阶后我们来到山脊顶端，为了有立足之地，我们不得不敲掉山脊尖利的顶端，同时我们还要检查脚下的冰层是不是坚固的。

经过半小时艰苦的披荆斩棘，我们终于踏上第13级台阶来到山脊顶部。我们脚下是一条狭窄而又光滑的小路，小路两边是万丈深渊。身处的环境这么危险，外加前进的速度非常缓慢，大家一开始的积极性再也找不回来了。于是，我们停下来商量接下来该怎么办，这样大家也能得到暂时的休息。这时，一些鸟类和两只蝴蝶经过我们旁边，它们有能飞的翅膀，这让我非常羡慕。有时候，在大自然面前，人类的能力是多么不足啊！虽然我们可以称出空气的重量，但不能像鸟类一样在空中飞舞；虽然我们发明了氢气球，但它最终还是会掉落；虽然我们可以丈量天空，但却无法永远离开大地。看起来那么弱小的飞虫能轻松地飞过，我们却只能在路上慢慢地走。

　　这个想法让我觉得非常沮丧，但一个突发事件打断了我的沮丧，一个走在前面的向导觉得自己头昏脑涨，随时可能一头栽倒在地。于是我们只好让他换到中间走，但我们脚下的路非常危险，让他换过来是很艰难的任务。当他小心翼翼地来到队伍中间后问题又出现了，因为这时一块巨大的岩石挡在我们面前，想继续前进已经非常难了。后来我们终于想出了一个办法：每两个人一组，先把第一个人抬起来让他爬过岩石，等第一个人爬上去后再把第二个人拉上去。这个方法虽然危险，但的确是我们能想到的唯一的方法了。就这样，经过 5 小时的攀登，我们终于翻过阻碍，看到了佩尔杜峰的"围墙"。

　　眼前的景象让我们觉得非常吃惊：在广阔的天空下，佩尔杜峰傲然挺立，白云环绕在峰顶，这些元素构成了一幅波澜壮阔的画面。上一次我们来的时候，空中弥漫着薄雾，雾气挡住了山峰，其他景色也很模糊。然而这一次没有任何障碍，灿烂的阳光把所有美景毫无掩饰地展现在我们眼前。湖面泛着粼粼的波光，湛蓝的天空倒映在湖水里，远处的冰川在阳光的照耀下散发着淡蓝色的光，就像一块晶莹剔透的水晶。阳光下的山峰那么美丽，简直就不是地球上的风景。我们看到的是一个新世界，一个不知被谁美化了的世界，一个归属异时空事物管辖的世界。我们不知道是什么生命静眠在此，这些生命一定是沉默而又美丽的。只能用"寂静"这个词概括这里，声响可能会给这里带来巨大的灾难。这里的一切都是那么和谐、那么安静，仿佛会永远保持静止不动。

　　就算你见过勃朗峰，但不看看佩尔杜峰仍是很遗憾的，就像看过欧洲最大的石灰石山峰的游客不能错过最大的花岗岩山峰。佩尔杜峰的外形非常协调，不同高度的山峰划分得非常清晰，这样一来，主峰就更显得挺拔卓越。因此，佩尔杜峰吸引人的地方是它本身的特点，而不只是因为海拔高。实际上佩尔杜峰只高出湖面五百米左右，然而它是由无数岩石群堆积起来的。

面对如此陡峭的山峰，我们都不敢继续往上爬了。毋庸置疑，刚才我们走过了那艰难的 3 000 米，然而我们却不知道接下来的旅程和之前遇到的困难相比是什么样的。我再次仔细地观察这壮观的山峰，希望找到一条能继续前进的路，但我没有找到。

于是我不再徒劳寻找，而是开始看湖泊所在的平地。我们完全没有考虑即将面对的危险，径直来到湖面所在的圆形山谷里。我们看到湖面扩大了，这是因为冰雪融化给湖里带来了很多水。一开始我们觉得这里的景色是那么迷人，但现在这里却给我们增添了巨大的烦恼，因为它挡在我们前进的路上。我们往湖的四周一看，毫无例外都是被岩石和冰块包围起来的"墙"。我们只好再次商量解决方案，但最后还是没能想出好办法。最后，大家想出了一个非常危险的办法：直接走过湖面。然而半路上发生了一件惊险的事，那个头昏脑涨的向导突然失足了，他很快地掉了下去，还好他被一块石头挡住了，所以没有掉得很深，他在湖面下 0.6 米的地方停止了下沉，大家用绳子把他拉了出来。

包围着佩尔杜峰的高原被无边无际的冰川占领了，如果不亲自来看一看，肯定不会对它有切身的体会。即使来到这里，四处白茫茫的景象也会欺骗你的眼睛。很多大块的冰块堆积在一起，就像一片巨大无比的冰梯田，有一些梯田好像会动，看起来就像是冻住的波浪，梯田的底部是厚厚的冰层，冰层垂直插入湖中。当我们还在为眼前的景色感到震惊时，附近的冰层突然裂开，这片寂静被巨大的声响打破了。

虽然此时才下午 3 时，但是我们已经觉得寒冷无比了。周围一片寂静，仿佛在无声地提醒我们：你们不能再待在这里了。在还没有被开发的蛮荒之地，原始人在那里捕鱼打猎；在无边无际的沙漠里，时而会从远处走来一队骆驼商队；在冰冷的极地海岸，有时会看到玩耍的海豹。然而在这个地方，我们是唯一的、孤独的旁观者。在我们周围，一边是若隐若现的岩石群，另一边是我们刚刚走过的冰川阵，下面则是安静的湖泊，湖泊周围是岩石和冰雪，湖泊闪耀出湛蓝色的光芒。

在这里几乎没有花草等植物，在长达 8 小时的攀登过程中，我只看到一棵已经枯萎的银莲花。生命活动在这里是被禁止的，湖泊里看不到鱼，雪地上也看不到任何动物的足迹。

　　这里除了寂静还是寂静，除了前面我们说的飞鸟和那两只被风吹上来的蝴蝶，我们再也没见到其他有生命的物体。那两只蝴蝶有一只挣扎着掉进湖里了，另外一只也终究会在孤独中结束生命。在一片沮丧的气氛中，我们踏上了返回之路。

第十八章　冰雪永远不会融化的地方

　　前面我们说的那些没有人烟、永远被冰雪覆盖的荒凉之地，其实也处在不停的运动中，就像草原上进行的运动一样活跃。这里有山下土地翻新所必备的重要资源，小溪从这里发源，虽然最开始只是从冰川的缝隙中流淌出来的涓涓细流，但不久之后它们就会汇集成一条小河流，滋润着山下的土地，最后这些小河流慢慢汇聚成奔涌向前的大河，一直流到海洋。此外，山上的积雪有很大一部分转化为降雨。所以，提供水的冰川是让土地变得肥沃的重要功臣。

　　湿润的土壤对动植物的生长非常有利，土壤之所以会变得湿润，是因为大气中的水分会以雨或雪的形式落到地上。失去水分的大气又从海洋中吸收水分，因为阳光使海水蒸发，水汽会聚集在云层里，直到下次降雨。此外，陆地上所有水体，包括河流、湖泊等都会把自身的水分蒸发进大气里。然而它们一般不会变干，这是因为大气中的水分还会降落回来。不管是慢慢流淌的小河，还是山间跳跃的小溪，不管是波涛汹涌的洪流，还是日夜奔腾的江河，它们大多会最终流进大海，同时海水蒸发带来的降水又会为这些河流进行补给。

　　山顶聚集的雨云降水会一点点渗入土壤，当土壤湿度达到一定程度时，土壤中积累的水分就会变成山间流淌的小溪和河流，最后和其他河流汇聚在一起。有时候雨云会给山下的溪流带来大量的水。如果这座山够高，那么雨云里的水分会以降雪的形式落下来。强烈的太阳光会把它融化，这种形式产生的水对农业灌溉最有利。

　　如果气候干燥炎热，缺少滋润的公路会变得非常容易起灰，一场大雨过后，道路就会变得非常泥泞，这都是雨水带来的结果。在旱季快要干涸的河流，在雨季到来后又变得波涛汹涌了。如果土壤只靠大气补充水分，那么地球上绝大多数河流都是一些小河、小溪而已。一条大河想要永远保持日夜奔腾而且水量恒定，就离不开雪水了，原因如下。

一场雨持续的时间比较短，它起的作用仅仅是冲刷了土地表面，然后就渗入地下储存起来或流走。经过一场大暴雨之后，河流的水量会突然暴增，甚至流出河道，但这只是暂时的，无法让河流始终保持这种状态。因此，单靠降雨是无法让一条河流永远保持流淌而不干涸的。但是雪和雨就完全不一样。我们可以把雪看作固态的雨，积雪可以被储存起来慢慢地融化，这样就能保证在相当长的时间里持续不断地给河流提供水。而且雪融化也是一个比较缓慢的过程，土壤可以慢慢吸收水分。由于积雪的保护，土壤不会很快变干。所以，这些水可以渗进地下河道并且储藏起来。

大自然和我们的生活有很多相似的地方，比如我们的钱一般来得快去得也快，但辛苦赚来的钱就会花得比较慢。大自然也是这样，暴雨带来的水分会很快被蒸发掉，但积雪融化产生的水分却能够慢慢积累起来。

由于平原地区降雪时间、降雪量相对都不多，所以降落在平原上的雪不能为大江大河提供足够而持续的水分。加上太阳的烘烤，平原上的雪有时还没来得及渗入地下就蒸发掉了，土壤吸收的水分不够多，这样降雪和降雨产生的效果差不多。在这种情况下，山脉就发挥了不可替代的作用。

随着高度的升高，大气温度会随之下降，它们之间的关系是这样的：高度每升高 200 米，气温就会降低 1℃。所以，在一座高度约为 3 000 米的高山顶部，气温可能会低到 0℃，这个数据可以用温度计量出来。在夏季都非常寒冷的高山上，大气中的水分不可能以降雨的形式落下，只能以降雪的形式落下。从高处落下的雪花，随着离地面越来越近，温度也越来越高，雪花就会以雨滴的形式落到地面上。也就是说，从一定高度落下的雨，在最开始的时候都是雪花。如果在高山地区就会更清楚地了解这点：山谷里下了一场阵雨后，我们可以在附近的山上看到一层崭新的降雪层。

冬季由于温度比较低，雪会以雪花的形式降落下来。到了温暖的夏天，雪就会变成雨水落到地面。雪融化变成雨水会影响对江河等水流的水量补给，怎样才能让这种转变不发生呢？也就是说，怎样才能让雪最终以固态雪的形式落下，而不是以液态雨的形式落下呢？显然，这需要雪花下落的时候不经过温度较高的地方，这样就能积聚起来成为积雪。所以，雪只能落在气温常年保持在0℃以下的高山上了。

在高山上除了常年笼罩的薄雾，还有终年覆盖的积雪，这也是高山能成为大江大河发源地的重要原因。薄雾凝结的水珠和积雪融化的水滴汇聚成河流向山下流淌。有些河流在山的这一侧坡上流淌，另一些河流则在另一侧蜿蜒，我们把这座两侧都有河流流下的山岭或河间的高地叫作"分水岭"。这个场景不难想象，随着山顶积雪的不断融化，在戴着一顶雪白帽子的山峰两侧，融化的雪水汇聚成细小的河流开始奔流而下。在流淌的过程中，又有其他河流参与进来，最后在山下汇聚成一条大河。

在我们生活的地方，一般只会在冬天下雪，然而在这个地区的一些高山上，尤其是山顶，一年大部分时间都有积雪。在热带平原地区几乎看不到的冰雪，在这里却常年能看见。到了两极地区，太阳会连续在天空悬挂几周甚至几个月，但由于这里的气温非常低，所以阳光并不能把极地的积雪完全融化掉。

不管是在热带还是寒带，也不管这里平原的气温怎样，阳光的热量一般不能把高山上的积雪烤化。在海拔比较高的地区，即使是夏季也很少下雨，只能下冰雹或下雪。在这里几乎看不到岩石或地面，因为它们已经被积雪覆盖了。那么，究竟多高的海拔才能让积雪保持终年不化呢？这很容易，气温越高的地方需要的海拔就越高。一般来说，从赤道到两极需要的海拔呈降低趋势。在赤道地区这个高度是海拔4 800米，在比利牛斯山和阿尔卑斯山上这个高度是2 700米，冰岛是936米，斯匹次卑尔根群岛则是0米。

虽然我们总是用到"冰雪覆盖高峰"这个词，但这个词里的"冰"字用得不太准确。在非常高的地方，几乎很难看到真正的"冰"，这是因为在这里水分还不够。这里的水除了积雪融化的雪水就是雨水，前面我们说过，山顶是不会出现降雨的，只能出现雪花或者雨夹雪。在这么高的地方，积雪只有表面一小部分会融化，而且这种情况只能在晴朗无云的夏天才会出现，然而满足这个条件的日子也不多。融化的雪水在晚上会结成冰，并把周围的雪块凝在一起形成很薄的冰层。下面是我们通过在勃朗峰做的实验得出的结论。

勃朗峰的山脊又长又窄，每个斜坡都是非常单调并且看不到边的白色雪带。

在雪的表面覆盖着层薄薄的冰，这层冰是白天晒化的雪在晚上重新凝结而成的。到了山腰附近，由于阳光的照射和温度的升高，这里的冰面要比山顶结实得多，甚至可以承受住一个成年人。不管怎样，冰层下面仍然是积雪，可能是松散的雪，也可能是密实的雪块。再往下又会遇到一层冰，冰下面是雪……就这样一直往下，每两层雪之间都是一个冰层。

这个冰层并不厚，一阵大风就有可能把它吹破，冰的碎片和雪末被大风吹得在山中四处飘散。站在山谷口往里看，你就会看到谷中白茫茫一片，附近的居民称这种现象为"勃朗峰在吹烟斗"。当夕阳西下的时候，弥漫的冰雪被夕阳染上了红色，好像雪山就快爆发了。如果想知道山上的积雪有多厚，这就有些困难了。这就要把山从中间劈开后测量横截面才可以，但我们无法把山劈开，因此也就不可能知道山顶积雪有多厚了。但我们可以估算一下，索绪尔通过一系列观察和实验认为，山顶冰雪的厚度大约是 60 米。

但这并不表示千百年来落到勃朗峰上的雪的总厚度是 60 米，事实上每年降落在阿尔卑斯山上的雪的厚度大约是 18 米。你可能会疑惑，为什么很多雪消失了呢？因融化而流失掉的雪可以忽略不计，而且表层的雪融化后会冰冻起来，这个冰冻层能保护下面的雪，使它们不再继续融化。既然如此，千百年来应该积累非常厚的雪了，是什么原因导致不是每年的雪都会被积累下来呢？

我们生活的大自然时刻保持着平衡状态，如果一个物种总是被另一个物种欺凌，那么大自然就会变得杂乱无章了。同样的道理，如果每年的降雪都在山上积累下来，那么情况将会非常糟糕。可以想象一下这样的情景，积雪不断在山上积累，最后这座山就变成了一个巨大的雪块，它不断向周围发出寒气，导致山附近的地区变得十分寒冷。随着海水的不断蒸发，最后大海都会变干，导致地球上到处都是干旱的景象，最终我们的地球会一半变成冰球，一半变成荒漠。根据大自然的平衡性原则，积雪是不可能不断积累的，而是以某种方式慢慢消失，通过水循环重新回到大海里。

然而阳光并不是把积雪融化的主力，因为它的热量还不足以把深处的雪融化掉，这个主力就是来自地球内部的热量。前面我们说过，地球内部的温度是随着高度的降低而逐渐升高的，来自地球内部的热量可以把山上厚厚的雪融化掉，不管是在冬季还是在夏季。虽然每年都会有落在山上的雪，但地球内部的热量也会把和地表接触的雪融化掉，并且下的雪和融化的雪数量是相当的。因此，尽管每年都下雪，但山上积雪的厚度变化不大。融化的雪水在山上汇聚成一条条小溪，溪水滋润着大地。

此外，雪崩也是让积雪不能积累下来的原因。假如大量的雪积累在一个比较陡峭的山坡上，外力就会使雪堆的平衡被打破，然后大量的雪就会冲下山。这个力量可能是一阵大风、冰川裂开的声音、射击的声音甚至是登山者大声说话的声音，它们中的任何一个都会导致雪崩的发生。如果某个地方发生了雪崩，那么旁边的雪一定会参与进来，雪的集体活动便声势浩大地展开了。白色的雪像翻滚的洪水，卷着所有障碍物呼啸而下。树木会被连根拔起，巨大的岩石也会被一起带下山。这种被打破的平衡会带来巨大的灾难，尤其是给山下的人和建筑带来灭顶之灾。

雪崩是比较常见的，落下的积雪堆满周围的山谷，这些山谷是冰川的领地，在下一章将详细介绍冰川。虽然雪崩会带来巨大的灾难，但发生雪崩的地方一般是深山里，那里很少有人烟。但是，一旦雪崩把大量的雪灌进有人居住的山谷，那么就会造成巨大的生命与财产损失。雪崩肆虐后的村庄变得面目全非，很多人都会被活活埋在大雪之下。

气温较高的季节容易发生雪崩，这是因为阳光会把雪的表面晒化，导致积雪变得很不稳定，这时候攀登大雪山就要加倍小心了。如果非要攀登，就尽量在天亮之前出发，因为夜晚的低温能使雪暂时凝固。如果是很多人一起攀登，那么这些人最好排成一列纵队前进，并且人和人之间保持相当的距离。这样即使雪崩把前面的同伴卷走，走在后面的队员也会在危险过后立刻开展搜寻营救工作。在攀登的过程中一定要禁止发出声音，因为任何轻微的声响都可能导致雪崩的发生。要是认为这座山很可能会发生雪崩，在出发前可以用发射炮弹的方式提前诱发雪崩。在阿尔卑斯山上一些比较危险的地方，有人专门修建了冰雪棚屋，如果发生雪崩，这些简易的建筑就可以给攀登者带来很大帮助。

第十九章　冰川

很多河流都是从山里流出来的，无论春秋冬夏，从海里蒸发的雨水总是被风带到山顶，再以降雪的形式落下，这些雪逐渐在山顶积聚下来，使山顶的岩层永远不会露出。即使部分积雪融化了，新雪很快就会填满空缺。融化的积雪慢慢流下，在山上逐渐汇集到一起，最后形成河流来到山下。当积雪融化得过快的时候，雪水就会迅速汇成河流流向山下，给山下带来洪灾，接下来山下就开始了干旱。如果积雪融化得过慢，那么雪水就会来不及汇合而蒸发掉。

由于气温过低，再加上地球热量很少达到这里，所以一般情况下山顶的积雪融化得很慢。与此相反，山脚下的雪会很快融化。这两处积雪融化量的平均值最适合山下的城市。按照这个说法，想要积雪融化量合适，就需要把山上的积雪运到一个合适的地方。也就是说，我们需要把积雪用某种方法运下来。大自然已经为了我提供了这样的方法，这个重要的方法就是形成冰川。

前面我们说过，积雪会猛烈地冲进山谷。所以山坡旁的山谷里积累了很多冰雪，由于不断发生雪崩，积雪也不断更新。在不断增多的大雪的压力下，冰床变得越来越硬，一些积雪融化结冰变成冰川。如阿尔卑斯山就有几百个这样的冰川。它们长约 20 千米，宽约 5 千米，厚度一般是 30 多米，也有厚达 200~400 米的。

冰川形态多样，有的地方像是翻涌的海浪突然被冻结，有的地方像无数珠子点缀在光滑的斜面上，有的地方则像一面镜子反射着耀眼的光芒。此外还有各种造型，如一层层叠在一起的岩石、水面上的波浪、巨大的拱门、千奇百怪的水晶建筑、高高的塔楼、发出让人胆寒的光芒的箭矢、布满斑点的玻璃，没有你看不到的，只有你想不到的，在阳光的照耀下它们发出奇异的光芒。有的地方还可以看到纵横交错的大裂缝，它们好像一张张大嘴在打着哈欠，透过这些裂缝还能看见冰川底部的样子。在裂缝的两侧是垂直的冰壁，冰壁发出浅蓝色或淡绿色的光芒，这种光芒随着深度逐渐变淡，还没等到裂缝的底部就完全变黑了。仔细一听，会听见从下边传来水流的声音，这是在冰川内部流淌的暗河。在阳光的照射下，有些冰就会融化成水，这些水流出一条条冰道。刺骨而又清澈的水在这条冰道里流淌，最后消失在冰川的缝隙中。还有很多大小不一、呈现不规则圆形的水晶冰盆，无数细小的河流在这里汇集，最后不是填满冰盆，而是在冰川深处消逝。

随着地势的逐渐降低，在冰川最末端会像突然被砍断一样出现一座冰谷，这里就是冰川停止的地方，从冰洞底部向上测量，高度甚至会达到30米。在冰洞里还会涌现出一条水流湍急、泡沫四溅的暗流。冰川在移动的过程中不断侵蚀不同地层的岩石，所以这条暗流非常泥泞，呈现出黑色、绿色和乳白色等多种颜色。冰川在不断慢慢向前移动的过程中，也会受到来自这种巨大水流的压力，冰川就逐渐地被磨损消逝了。在冰川终结的地方是各种石块杂乱堆积的地带，越过这道天然堤坝的水流开始在岩石间欢快地奔流。

冰川洞穴又宽又长，人可以在里面走出很远。在这个水晶一样的洞穴里，我们能看到很多奇妙的景观。天空是半透明的，两边的冰壁光滑而干净，闪耀着青绿色的光芒。这种光芒不像正午时分的阳光那样刺眼，也不像夜空中稀疏的星光那样暗淡，而是和海洋里的微光很像。如果照进冰洞里的阳光足够充足，你就会发现一个精灵般的世界，这绝对是你见过的最奇妙、最壮观的景象。冰洞两侧是支撑整个冰洞的支柱，阳光被它们吸收后又被打碎成五颜六色的色彩，形成一个七彩斑斓的美丽世界。如彩虹一般绚丽的光芒照在冰壁上，悬挂在冰洞顶部的冰钟乳石也被照亮，发出如宝石般耀眼的光芒，从每一个侧面看都像是美丽的烟火，又像是悬挂在洞顶的彩色冰灯。

有时候在这里会发生意外，特别是在冰层融化的季节。如果做出一些不当行为，就可能会被冰雪压在里面。曾经有两个旅行家，他们在观赏的时候突然想出了一个主意，那就是在冰洞里开枪，他们听到了奇妙的回声。但他们的鲁莽行为引起了冰洞塌方，这两个人再也没能走出来。有些人胆子比较大，不考虑冰洞里的危险，进去之后就到处乱闯，虽然有时会看到更多的景色，但更多时候等待他们的是狭窄的通道和一条死路。

下面让我们看看冰洞外的样子，一般冰川表面不是光滑的，而是带有颗粒的、粗糙的，如果不是处于陡峭的斜面上，冰川是不会快速下滑的。这层在冰川外面覆盖的圆形颗粒物叫作粒雪，它的外表和粗盐很像。随着时间的推移，外界条件也不断发生变化，这时候雪花也会发生变化，成为不具备晶体特征的球形的雪。

与河流结成的冰不同，冰川上的冰在均匀性、紧密性和持续性等方面有自己的特点。这种冰凝聚力比较低，结构也不是很严密，很容易就会四分五裂。在冰川顶端，冰会碎成豌豆那么大，而在冰川下层，冰会碎裂成胡桃那么大。其中的道理很简单，如果冰川是一片水域遇冷凝结而成的，那么形成的冰应该看起来均匀，通过实地观察冰川，我们知道冰川不是这样形成的。冰川的形成是由于雪崩带来的大量积雪积聚起来的，这些雪在白天融化后夜里就会冻成冰，经过无数次的循环，最后变成多孔颗粒结构的冰块。如果把一些雪融化再冻成冰，反复几次后你也可以做出微型的冰川。

冰川还有一个显著的特征，那就是冰川的每个侧面，从上到下都被碎石块、大小不等的沙石粒、泥块混合在一起的物质镶了一道碎边，我们把这道碎边称为冰川侧碛。侧碛非常高大，就像高高的城墙分别从左右夹着冰川。

很多人认为，冰川是牢固的、永恒不动的。因为它们虽然有的已经存在了几百年，但依然在山谷中纹丝不动，就像被牢牢关在山谷里面。一层层冰雪不断积累，使冰川有了立足于山谷中不动的力量和韧性，没有任何力量可以动摇它们。

然而事实上冰川是可以移动的，只是移动的速度极其缓慢罢了，最快也不过每天几厘米。在这个移动的庞然大物里，包含了无数冰层和难以计数的负担物。河水在流动的时候可以对地表造成冲刷和侵蚀，冰川在移动的过程中会把岩石碾碎并将它们变成岩泥。如果摩擦的时间够长，细沙碎屑也可以把石头磨得光滑无比。同理，冰川在缓慢移动的过程中和遇到的岩石发生摩擦，就会把岩石表面磨得伤痕累累。

在如此强大的摩擦力面前，任何坚硬的石头都会屈服。如果你仔细观察冰川移动过的地方留下的岩石，你就会在上面发现又深又长的伤痕，就像地里的犁沟，这些犁沟平行着向前延伸。冰川所过之处，很多岩石先是被切成小石块，然后被磨成大大小小的沙砾，最后被磨成粉末。大块的岩石则会被磨得像鹅卵石一样光滑。这些被磨碎的物质会落进冰川底部的水流中，所以，冰川底部的河流一般都非常浑浊。

冰川在一定程度上充当了搬运工的角色，它会把一些泥沙和小石块带到河口处并且堆积沉淀下来，这些小石块是山上岩石的碎块。前面我们说过，冰川的每个侧面都有冰碛，在风暴、雷电和雪崩等力量的作用下，组成冰碛的物质从山顶滑向山谷。冰川是一个力大无比的搬运工，它带着这些物质移动，不会遇到任何阻碍。冰川移动到温度较高的地方后，就会忽然在某一处悬崖边停下来，并且在这里逐渐融化，直到被新冰川取代。

冰川开始融化成水，逐渐汇成溪流流进山谷，小片冰川也会包含着冰碛的碎片继续向前。这次旅程非常漫长，然而对这些碎片来说并不是这样，它们很快就能到达目的地。这是因为包裹碎片的小片冰川在流动过程中很快就会融化，冰川融化后这些碎片就会沉入水底，和之前掉落的碎片掺杂在一起。如果冰川长时间停在某个地方，两条侧碛大多交会在冰舌前端，变成环形的终碛。这就是冰川移动的后果，那么冰川移动的原因是什么呢？什么力量能使这么厚重的冰块移动呢？主要有两方面的原因。

首先，是冰川处在一个比较倾斜的地方。大多数冰川都在斜坡上，并且就算到了寒冷的冬天，在冰川和地面之间也会流淌着冰雪融化产生的雪水。显然，雪水在一定程度上使冰川和地面分开，在重力的作用下，冰川缓慢而持续地移向地势较低的山谷。

其次，是冰川本身的膨胀力。冰里的空气含量要大于水里的空气含量，由于冰冻成一个封闭的空间，所以里面空气的总量不会继续增多，这些空气会向四面施加压力，我们把这种压力叫作膨胀力。更详细点说，由于冰的质地不是很紧密，并且内部有很多空隙，这是因为冰川是由不断聚集的雪形成的，所以内部有很多裂缝。白天的时候，冰的表面会融化，一部分水会渗进冰川里的缝隙中。到了晚上，随着气温的降低这些渗进来的水会结冰，从而对这些缝隙的四壁产生一股推力，进而变成一股不可抗拒的膨胀力。冰川就是在推力和地面摩擦力之间进行斗争，结果导致冰川底部破裂，出现了巨大的裂缝，于是冰川得以继续向下移动。

冰川移动的速度和所处斜坡的倾斜程度有关，而且相同时间内冰川移动的距离也会不同。不管冰川移动的速度怎样，当冰川到达温度能够把它融化的地区时，冰川就会停止移动，因为这时的冰川已经变成一条河流的源头或支流了。冰川在这里融化，山谷上的雪仍在继续增加并形成新的冰川，新的冰川继续向下移动。

冰川要在距离积雪线很远的地方才能融化，在一些地方，这条线距离地平线大约有 2 700 米。如果在阿尔卑斯山中心地区，这里的冰川要向下移动至海拔 1 100 米到 1 000 米的地方才能融化。这里不但生长着大型树木和灌木丛，而且农作物也可以生长。可以想象一下这里的情景：冰川融化后，产生的融水流到树下、流进耕地，这是多么奇妙的场景！冰川在闪着耀眼的光芒，冰川下是飘香的稻田，牛羊在没腰深的草地上散步，蜜蜂在各色花丛中来回穿梭采蜜，呈现出一片欣欣向荣的景象；而不远处却是充满了寒意、毫无生机的冰川。其实这么说也不准确，因为阳光和地热使冰川不断融化，冰川就成了很多生命的源头，它还可能和其他河流汇聚成流泻千里的大河。虽然从表面上看不出来，但这里的确是充满了生机和活力的。冰川是给低地带来水分的搬运工，它把山上的积雪搬运到山谷中融化。冰川就像一位使者，它把山上的水带下来，让山下的植物茁壮成长。

第二十章　伟大的河流

雨水和雪水不仅能慢慢汇聚成河流，它们还是给河流补水的重要力量。河流从地表隆起的坡上向各个方向流下，汇聚成了更加宽阔的大河，这些大河贯穿大陆，最终来到大海。从大海开始，又回到大海，就是这样一个循环往复的过程，让我们的陆地更加肥沃。大海产生的水汽在空中飘浮，变成雨雪冰雹落到地上，最后又通过河流流进大海，回到最原始的出发点。这和我们人体的血液循环系统很像，带着营养的血液从心脏出发流经全身，最后还是回到心脏里，大海在这里就扮演着心脏的角色。

小溪有很多种产生方式，有时它从巨大的冰层下发源，难以计数的细小水流在终端的洞窟里汇聚；有时会从谷底的岩石中涌出强大的溪流，它们来自遥远的山巅。有很多事实说明，一些水源是从松软湿润的泥土中一点点慢慢渗出的。大家比较熟悉的水源例子是法国最著名的沃克吕兹喷泉。

下面我们介绍一下沃克吕兹喷泉，沃克吕兹是一个峡谷的名字，意思是封闭的峡谷，峡谷被升起的垂直峡壁切断，沃克吕兹喷泉的水源就深埋在峡谷底部。想象一下这座峡谷，一边是由大量光秃秃的岩石组成的崎岖不平的峡壁，风暴和水流把谷底的石块冲得堆积在一起，在你面前是一面微微泛红的石墙，它把通向各个方向的道路切断了。这面石墙也是由岩石形成的，构成了坡度很陡的山腰。这就是沃克吕兹峡谷的基本结构。

泉源在低水位的季节已经没有多少水了，能看到的只有长着深绿色苔藓的巨石。可以想象，在这些长着苔藓的岩石下边生活着多少水生生物啊！这些生活着无数水生生物的水潭里流淌着平静而清澈的泉水。然而这里还不是主要的源泉，它位于垂直峡壁的脚下。那里地表迅速下沉，出现了一个巨大的溶洞。走进里面，你会看到头上是一个天然的石造拱顶，这个拱顶支撑着整座山体，美丽、平静的泉水就在你的脚下。

如果在开化的季节或雨季，水位会迅速上升，直到填满溶洞并继续爬上山坡，这个速度大约是每分钟 2 400 升，最后整个山谷都被填满了。接下来沃克吕兹喷泉就会一边发出巨大的轰鸣声，一边淹没那些长满苔藓的岩石。过了一段时间后，整个峡谷又恢复了平静。沃克吕兹泉的泉水流出峡谷后会注入索恩河，这条河流在灌溉完它流经的区域后又流入罗讷河。你也许会问，从山谷下边怎么会冒出这么多水呢？而且在旱季峡谷几乎要干涸了，看上去就像一个碗底一样的火山。这些水来自附近的山脉，这些山脉的顶部常年被积雪覆盖，雪水融化后渗入地下水道，在流到峡谷底部的时候慢慢渗出地表。

河水在河道里流动，河道把河水从上游引向下游，最终注入宽阔的河口。河床的水平高度会随着流经区域地形的变化而变化，在地形变化比较大的地方，河流会出现非常显著的落差，有时河水会从很高的地方垂直落下，于是形成了瀑布。

加瓦尔尼大瀑布在欧洲几乎家喻户晓。它在比利牛斯山脉最荒凉的加瓦尔尼高原上，又被称为加瓦尔尼冰斗，距离佩尔杜山比较近。瀑布的周围是一个高度达 100 多米的半圆形的垂直岩石墙，这面石墙有很多裂缝，很多裂缝被冰填满。十几条河流从山上来到高原上，其中水流量最大的那条从 410 米高的地方流下，在下落的过程中又撞在山腰上。从远处看，它就像一条薄纱从山上闪着银光缓缓飘下，虽然它的水流量不是很大，甚至不如一朵在天空中飘浮的薄云，但它却有着不逊色于任何云朵的洁白、轻盈和起伏。阳光照在薄雾上，半空中就出现了一条颜色艳丽的彩虹。

当这条薄纱最终落下的时候，激流撞在岩石上碎成泡沫并四散飞起，就像海边温和的波浪，又像一簇美丽的羽毛，垂直岩石墙直插入云中。这里常年被积雪覆盖，瀑布在冰雪间的通道流淌，这条通道上还有残留着的冰层，我们把这个冰层称为冰桥。溪流在冰雪层下流动一段距离后，和其他瀑布一起从高处落下。这些湛蓝的水流在没有任何阻碍的高原上随意奔流，冲进山谷后就变成了泡沫汹涌的急流，也叫作"波城的洪流"。

北美五大湖的水最终流进圣劳伦斯河里。其中两个湖泊——安大略湖和伊利湖在流动的过程中突然遇到一个高达 50 米的落差，于是形成了举世闻名的尼亚加拉大瀑布。

这个大瀑布的水流量和速度非常惊人，就像把大海里的水突然倾倒在一个深渊里。一个长满了树木的小岛把这个大瀑布分成两段，一段位于美国境内，另外一段位于加拿大境内。美国境内的这条没有曲线外观，只是一个平展的水瀑；位于加拿大境内的这条形状很像马蹄铁，外围大约有 600 米。印第安人把这个大瀑布叫作"雷鸣之水"，因为每分钟落下的 25 000 立方米的水会发出雷鸣般的响声。

每个亲眼看到大瀑布的人都会感到恐惧，甚至吓得说不出话来。泛着黑色的水流从高处落下，就像一件斑驳的水晶装饰品悬挂在山上，最后掉在深渊里摔得粉碎。瀑布发出的巨大声响甚至可以盖过雷声。瀑布笼罩在一层白色的水雾中，就像燃烧产生的烟雾。

在美国境内的瀑布这边，有人修建了一条阶梯，沿着阶梯可以走到瀑布脚下。参观者可以一边小心地沿着阶梯往下走，一边听着身旁震耳欲聋的巨大水声。瀑布的旁边还有一个人口众多的小镇，此外在距离瀑布落点很远的地方还有一座浮桥，这些都是人们在和大自然斗争的过程中取得的令人惊叹的成就。这是一座横跨水流两岸的浮桥，它分为上、下两层，下面一层供行人和汽车通过，上面一层则是火车道。

有时河床跌落得不是很明显，只是形成一个陡峭的斜坡，大块岩石散布在河床里，这种地势叫作湍滩。湍滩是在错综复杂的岩石和小岛中形成的湍急水流。

岩石会阻挡河流的前进，这时河流就会暂时消失并流进地下水道，在其他地方会重新流出来，如日内瓦湖附近的罗讷河。此外，默兹河也会在巴祖利兹附近消失，然后又在 10 千米外的地方再次出现。西班牙有一条名为瓜迪亚纳河的河流，它被一段松软的土壤过滤后，又在下游的某个地方再次出现，西班牙人把瓜迪亚纳河从地下流经的区域叫作"宽阔的河桥"，在这片区域的上方是一个足够养活 10 万头牲畜的草场。然而也有很多河流不会再次出现，好像永远地消失了。这是因为它们被沙质土壤吸收了，也可能是被太阳晒干了。这样的河流在非洲大陆比较常见。

有些河道比较平缓，水流不是那么湍急，河水携带的矿物质、泥沙等物质会在地势较低的地方沉积下来。所以，大量物质堆积在河口附近，导致河流无法继续向前流淌，这些物质把水流分成一些小的支流。这些物质不断积累，最终形成一块三角形的陆地，我们把它叫作三角洲。很多著名的河流如尼罗河、恒河、密西西比河等都有自己的三角洲。

罗讷河的三角洲在罗讷河和地中海之间，也叫卡马戈岛，这个三角洲的面积大约有 1 497 平方千米，距离大海约 35 千米。它的形成原因非常复杂，主要组成成分是海洋淤积的沙石和河流的冲积物。从河岸到三角洲中心有一个巨大的卡拉卡瑞斯池塘，池塘周围有三个适宜农牧业生产的地区。

顺着罗讷河的两个河口延伸是第一个地区，由于每年这里都会沉积大量的物质，所以这里的土地很肥沃。没有盐分的河水滋润着这个地区，大量的庄稼随处可见。它的旁边是第二个地区，这是一个盐地牧场。在牧场上到处是牛羊，牧民不时地把自己的牛羊聚集在一起。这里的牛大多是纯黑色的，体格小却很健壮，而且野性十足。然而它们的野性也不能阻止人类成为它们的主人，在它们的肩上，可以看到明显的热铁留下的标记。

这片牧场上还有很多野马，不过它们现在都有了主人，这些野马不管在多么恶劣的天气里都能不停地狂奔。它们大多是白色的，虽然体型不大但总是充满了精神和活力，因此很难驯养，所以人们就不给它们带上马嚼子、钉上马蹄铁。农忙时节开始后，这些马就被拉到打谷场给粮食脱粒，农忙一结束，它们又重新恢复了自由。

第三个地区在池塘周边，这里是一块被河流和大海竞争的干地，海水不断地把河流带来的沃土冲走。然而河流的力量更大一些，因为它的冲积物最终保护了三角洲的存在。海水虽然也在不断地冲刷着这块三角洲，但造成的破坏效果却不是很明显。

无论多高的海边陆地都无法避免海水的渗透，海水里的盐分也随之进入土壤中，在土壤表面形成一层像玻璃一样的盐壳。在缺少植被的地方，大风吹过地面带走土壤中的水分，留下的盐分在地面形成霜一般的盐碱外壳。沼泽和湿地里到处都是腐烂的植物，废水、盐湖、肮脏的稀泥发出阵阵恶臭，这就是卡马戈下游的样子。

在我们人类看来，这是一片肮脏的土地，但鸟类却非常喜欢在这里生活。池塘里到处都是野鸭的身影，脖颈长有环形羽毛的鸻躲在沙丘后面鸣叫，麻鸭在密密的芦苇中间呼朋引伴。海鸥和海燕在水面快速飞行，仿佛永远不知疲倦。它们一边提防着猎人，一边在水面不停地搜索着食物，如果有小鱼露出水面，它们就立刻把小鱼抓住吃掉。

还有一种名叫火烈鸟的动物，它长得非常奇怪：身上是像火一样红的羽毛，两只长长的腿像高跷一样，腿和身体的比例严重失调，它还有着和腿一样长的脖子，而且同样很细。它在寻找食物的时候，首先用长嘴把贝壳挖出来，然后再打开吸食。它们居住的鸟巢也非常古怪，从外表来看像一座塔，顶部是一个像碗一样的巢穴，有的巢穴里还有火烈鸟的蛋。当火烈鸟孵蛋的时候，它就叉开两腿坐在巢穴上，然后把两条长腿伸到外面。我想，如果它建造的是一个普通的巢穴，那么它们又该怎样孵蛋呢？

每年被河流带到入海口附近并沉积下来的物质到底有多少？这是很难估计的。据测算，每年恒河会给孟加拉湾带来大约 35 600 万吨的淤泥，雅鲁藏布江带来的沉积物总量也接近这个数字。地球上带给河口沉积物最多的河流是黄河和长江，在黄河的入海口处，每 25 天就能沉积出一个面积大约为 1 平方千米的小岛，在未来的某一天，这些沉积物很可能会填满河口。长江冲刷下来的沉积物虽然不如黄河多，但总量也是恒河的 3 倍了。要想把每天新增的沉积物处理掉，就需要大约 2 000 艘载重 1 400 吨的货船每天运送一次。南美的亚马孙河在雨季来临的时候水量非常大，它从上游冲刷下来的物质甚至可以冲到距离河口 1 000 千米的海面上。仅一条河流就带来这么多沉积物，整个南美洲所有河流带进海里的沉积物总量该有多么惊人！波河和阿迪杰河都注入亚得里亚海，这两条河带来的沉积物能让河口每年向海里推进 70 米，这里最早的城镇都是紧邻海岸建立的，不过现在这些城镇已经远离大海了。亚得里亚这个地方是从 18 世纪开始傍海建立的，但现在它和大海之间是 40 千米远的陆地。还有一个叫拉韦纳的海港城市，但今天它和大海之间是一块大约 10 平方千米的陆地。

在一些地方，水流带来的冲击物产生的作用正在日益减弱，特别是海浪和潮汐比较强的地方，因为这里的沉积物被海水冲刷得干干净净。在这种情况下，沉积物沉积的范围逐渐增大，海水和淡水在这里混合，我们把这样的入海口称为江口或河口。亚马孙河河口的宽度达 50 千米，巨轮可以通过宽阔的河口在大海和河流之间自由航行。

一般情况下，有三角洲的河口很少会发生猛烈的潮汐，例如，注入地中海的河流的河口附近。如果没有三角洲，潮汐就会冲刷出宽阔的河口，例如，大多数注入大海的河流的河口。

第二十一章　湖泊和喷泉

　　除了流动的河流外，陆地上还有静止不动的水，通常情况下这些水周围都是陆地，没有和大海直接相连，我们把这种在内陆静止的水叫作湖泊。如果湖水很浅并且湖岸线也不是很清晰，我们把它叫作湿地或沼泽。湖泊主要有四种类型。

　　首先是没有河流给湖泊注水，湖泊里的水也不向外流，一般这样的湖泊都比较小。奥弗涅有几个火山坑，雨水不断落进火山口，最后把岩浆熄灭，雨水慢慢和火山口持平。这些火山坑很好地解释了第一种湖泊是怎样形成的。

　　其次是没有河流给湖泊注水，但湖泊里的水却向外流。那么湖水是从哪里来的呢？它来自地下的泉水。泉水不断上涌进湖里，溢满后湖水开始向外流，这种情况是很常见的。比如，美国和加拿大之间的大湖泊，它们就是圣劳伦斯河的源头。

　　再次是有河流给湖泊注水，同时湖水也向外流。你也可以认为这是某条河流流经湖泊所在地时流域突然增大，罗讷河穿过的日内瓦湖和莱茵河穿过的康斯坦茨湖都属于这种情况。

　　最后一种情况是虽然有河流给湖泊注水，但河水不向外流。你可能会很不解：既然河水不断注入湖泊却不外流，那么水都去哪里了呢？道理很简单：这是因为湖泊里的水都蒸发掉了。之所以会这样，是因为湖面上的气温能够蒸发大量湖水，使湖水的补充和蒸发能够保持平衡，这样的湖含盐量很高。如果湖的面积很大，就可以把它叫作内陆海，里海和咸海就属于这一类型。注入里海的河流是欧洲最长的河流——伏尔加河，它的海拔要比黑海和地中海低 20 多米。由于地壳是弯曲的，在这里就形成了一个巨大的碗状凹陷。

　　死海的海拔更低，其水面的海拔高度比地中海要低 400 多米。在《圣经》里，这里是被上帝之火毁灭的"平原之城"[1]。从耶路撒冷到死海之间的地面是一个大斜坡，走在这段路上就像慢慢走进一个火山口，虽然它的名字叫死海，但它只是一个大湖泊。而且，从表面看这个名字很悲伤，但实际上死海并不悲惨，也没有传说中的那样神秘。当阳光照在死海蓝色的水面上时，死海表面会反射出耀眼的光芒。由于水里的含盐量很高，所以微风无法吹皱水面，这里也就总能保持平静，而且在岸边也看不到水波拍打在岸边形成的白色泡沫。这是一个充满寂静的咸水湖，盐几乎是这里的主角：湖水里满含盐分，岸边是盐的结晶，土壤变成了盐碱地，甚至周围的山丘都因为含盐量过高而呈现出白色。

但是，死海周围并非不毛之地。在死海周围，有时会看到茂密的水生植物，它们甚至可以长到一人多高，芦苇也比较常见。此外还有一棵棵的矮小灌木，它们结出的果实被称为"罪恶之地苹果"。这种果子看起来和青苹果差不多，只是它的皮比较坚硬。打开果实后，一些细细的白色粉末就撒了出来，风把这些白色粉末吹走后，留在手里的就只有这种果实的种子了。除了极少部分地区有些生机，死海周围大部分地区还是十分荒凉的。

上面我们说的是一些和河流、湖泊有关的知识，现在我们说另外一个知识，这就是喷泉。在这之前，我们要简单地了解一些有关流体静力学的知识和相关原理。

如图 17 所示，往一个类似高脚杯形状的容器里注水，在容器快被注满时停止，我们把这个容器叫作容器 A。把容器 A 用金属管 B 分别和玻璃管 D、D′、D″连在一起，R 是金属管 B 上的旋钮，控制容器 A 和三个玻璃管之间的连通或断开。当旋钮 R 打开后，我们会发现容器 A 中的水会流进玻璃管里，直到玻璃管水面的高度和容器 A 水面的高度一致才会停止流入。

无论是哪个玻璃管，都会出现这样的现象，即容器 A 中水面的高度和三个玻璃管中水面的高度相等，如图 17 虚线所示。所以我们得到这样的结论：把任意两个器皿水平连接在一起，如果其中一个里面有水，另一个接收水，那么两个容器里的水面高度最终会保持一致。喷泉就是根据这个原理设计出来的。如图 18 所示，喷水口 A 和蓄水池被埋在地下的管道 B 连在一起，水在水管内流动，

---

[1] 据《圣经》记载，罪恶之城索多玛城与蛾摩拉城被上帝毁灭，传说这两座城市的遗址就在死海底部。

当蓄水池的水面低于喷水口时，水管 B 中的水在达到蓄水池水面高度时就不再流动了；当蓄水池的水面高于喷水口时，喷水口就会有水喷出。

图 17

如果图 17 中的金属管 B 没有和任意一个玻璃管连在一起，打开旋钮后会出现什么现象呢？我们会看到容器 A 里的水喷到空中，并且喷出的高度略低于容器 A 里水面的高度。由于水本身的重力和空气对水的阻力，喷出的水才会比容器里的水面略低一些。由此可知，人工喷泉和自然喷泉是一样的道理。当图 18 中蓄水池的水面升高时，如果这时喷水口足够小，同时口朝上的位置低于蓄水池水，压力就会把水喷到几乎等于蓄水池水面高度的地方。想让喷泉的水喷得更高，我们可以使喷水口竖直向上，并且增大蓄水池水面和喷水口间的高度差。

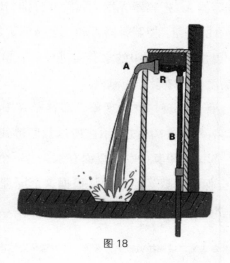

图 18

由此可以得出一个普遍结论，由于液体具有流动性，所以在任何有导管的容器里，液体和导管里的液体会保持同样的高度。当导管上端开口并且开口高度低于容器里液体的高度时，容器里的液体会喷出，喷出的高度大约等于液体来源的高度。

　　水在不同的土壤里遇到的阻力也不一样，黏土层对水渗透的阻力很大，如果土壤中沙子比较多，水就会被大量吸收。如图 19 所示，假设土壤由 A 和 B 两层构成，C 是隔在中间的沙土层。前面我们说过，地壳会不断地发生弯曲、断裂，导致同一地层所处的深度不同。我们假设像图 19 中那样，沙土层 C 的一部分露出地面，另一部分埋在地下。这幅图显示的地方可能是被雪山覆盖的山脉的横切面，也可能是一条河或一个湖泊的横切面。不管是哪种情况，如图 19 所示，由于沙土层的保水性和透水性，再加上黏土层的不透水性，大量的地下水被存储起来。

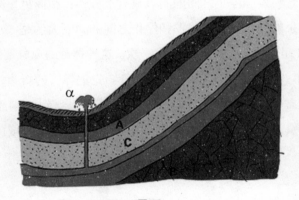

图 19

　　当沙土层通过山谷谷底、地面的裂缝或别的开口露出地表时，就可能形成喷泉，这个喷泉的水来自地下。如果沙土层没有露出地表，即使充满了水也不会形成喷泉，水分会继续存储在地下。所以，我们判断不出在我们脚下甚至是干旱地区是不是有地下水源。想让地下水流到地面上，我们就需要一个出水口了。如图 19 所示，如果从 α 点打洞，当钻孔钻透两层土壤时，水就会喷出来，喷出的高度和河流、湖泊等任何它的源头的高度一致。喷出的水的高度由喷水口和水源地的高度差决定，当钻孔的位置比较高时，喷水量就比较小；当钻孔的位置比较低时，喷出的水的高度就可以和水源的高度一致。

溪流、池塘或湖泊的水不断渗进地下，最终使地层达到饱和状态，如果向下一直挖掘到这个充满水的饱和层，就会挖出一口水井，水井里的水位也会随着水源水平面的变化而变化。当蓄水层所处的位置很深的时候，就需要一个更有力的打孔工具了，这个工具的下方是坚硬的钻头，随着钻头进入地下越来越深，地面就出现了一个深深的圆孔。在钻了几百米后，钻头终于来到蓄水层。在这个过程中可能会遇到非常坚硬的岩石，这时就需要用一些特殊的方法了，这就是用冲击钻打破岩层。井打好后，还要用一种特别的铲斗清理钻孔里的石块、沙砾、黏土等物质。为了防止涌入钻孔的水向孔壁渗入造成浪费，还需要在孔壁里套上一根长长的塑料管或金属管。需要注意的是，有时从井里喷出的水温度比较高，这是因为地下的温度比较高，把井水给加热了。

有些喷泉非常奇怪，它们会在喷发了几天后突然停止喷水，几天后又重新喷水，我们把这种有规律喷发的喷泉叫作间歇泉。阿尔卑斯山脚就有一个名为卡尔马斯喷泉的间歇泉，它喷发和停止之间的间隔只有 7 分钟；在尚贝里附近还有一个名叫布伊斯高斯喷泉的间歇泉，它喷发和停止之间的间隔大约是 6 小时，即每天分别在午夜、清晨、正午和日落时分各喷发一次。这种神奇的现象是由虹吸引起的。

如图 20 所示，导管 ABC 就是一根虹吸管。先把导管的短边伸进一个装满水的水槽里，然后含住 C 端吸气，水就会从 C 端流出，直到 A 端露出水面。之所以会发生这种现象，是因为大气压力作用在水槽中的水面上形成的。

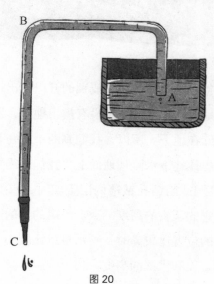

图 20

大气对它覆盖的任何物体都会造成压力,这种力量可以让水管里的水上升10米。为了更直观地表述这个现象,我们假设图中长管的长度是3米,短管的长度是1米。我们说过,大气的压力能让水柱保持10米左右的高度,但图中的短管只有1米,还有能让水柱升高9米的力量没有用到。同理,长管的长度只有3米,还有能让水柱升高7米的力量没有用到。所以,短管和长管内的气压是不平衡的,这导致虹吸管内的水从长管底端流出。这是因为短管内大气的压强大于长管,水槽中的水会重新填满流出水柱的水管。只要水源不断补充进短管,虹吸管内的水就会持续流动。总结一下,如果虹吸管里充满流动的液体,在两侧不均衡的大气压的作用下,液体都会由短臂向长臂流动。

下面看一下图21,这是一个藏在山下的天然洞穴,洞穴里的水是从外部渗入并积累下来的,类似虹吸管的裂缝ABC把洞穴和外部连在一起。外部的水不断渗入洞穴,当水位没有上升到图中的B处时,洞穴里的水不会流到外面;一旦水位到达B点,并且水通过AB流向BC,这时水就会在大气压的作用下不断流出。由于水流出的速度大于洞穴里水积累的速度,所以洞穴里水面G不断下降,下降到A点时,水就不再继续向外流了。但渗透并没有停止,所以当水又升高到B点时,向外流水的现象再次发生。这个过程是不断循环往复的,间歇泉能够有规律的喷发也是这个道理。

石灰溶于水会产生碳酸盐,所以在石灰质土壤中的水会含有一定量的碳酸盐。如果水是静止的,这些碳酸盐就会沉积下来变成石灰硬壳。当喷泉流经这些硬壳的时候,部分石化的石灰会随着喷泉流出。位于克莱蒙费朗的圣艾雅喷泉就属于这类喷泉,它的表面就覆盖着一层像是雕刻出来的工艺品一样的岩石层。

从这种喷泉里喷发出来的水含有大量矿物质成分,常见的有气态泉、铁泉和硫黄泉等。第一种喷泉会冒出水泡而且尝起来是酸的,这是因为水里含有大量碳酸气体,法国的薇姿喷泉和德国的尼德尔瑟尔特斯喷泉都属于这种类型;第二种喷泉里有很多溶解在水里的铁质而且尝起来像墨水,巴黎附近的帕西喷泉、塞纳地区的福尔日莱索喷泉都属于这种类型;最后一种硫黄喷泉的泉水散发着一股浓浓的臭鸡蛋味,这是因为水中含有大量的硫黄复合物,比利牛斯山上的巴瑞日莱斯贝恩斯喷泉就属于这种类型。

不同地区喷泉的泉水温度也不同，泉水温度比较高的就是我们所说的温泉。有时温泉的水温可以达到100℃，这是开水温度。你可能已经知道，泉水之所以这么热是因为它吸收了地下的热量。温泉里的水富含矿物质，地球上所有天然的矿物质都可以在温泉水中找到。

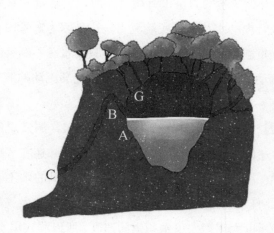

图21

第二十二章　海洋

一见到"大海"这个词，你就仿佛听到了海浪的声音在耳边响起，就会想起海边五颜六色的贝壳，它们静静地躺在海边或隐藏在海藻里。你可能还会想到没有边际的海水，仿佛在对着你微笑的大海像一面镜子，又像头顶蔚蓝的天空。你可能也会想到令人恐惧的大海，巨大的海浪在狂风的伴随下猛冲向岸边，夹杂着水雾和泡沫撞向海边的悬崖。如果你没有见过大海，你可能就不会有这些联想了。那么，让我来告诉你我熟悉的大海。

地球上海洋的面积大约是陆地面积的 3 倍。和陆地上一样，海底也不是平坦的，同样有平原和高原。在一些地方，海底是连绵不断的山脉，高高的山峰有时会露出水面成为小岛屿；而在另一些地方，海底被切成一个深深的峡谷。海水在海底自由地到处流动，地心活动使海底出现了高山和峡谷，最终出现了海床。在岩浆引发的褶皱的作用下，海底变得像陆地一样不平坦。要知道，大陆也是原来的海底。在地壳运动的作用下，一些地方的海底露出水面。所以，不同地方的海底也是不一样的。

我们把一个铅块系在一根绳索上，然后把这根绳索扔进海里。在重力的作用下铅块会下沉，绳索浸入水里的长度就是这里海水的深度。在地中海里，最深的地方在希腊和非洲之间，这里的深度是 4 000~5 000 米。南极附近的海洋更深，通常会达到 14 000~15 000 米。在海岸到海沟之间是深度中等的海洋，由于海底特点不同，中等海洋的深度也不一样，有时会逐渐升高或降低，有时则会突然发生变化。如果出现突然变化，说明这里有一处海底悬崖峭壁。在一些地方，海岸会慢慢向海里延伸，一般会很平缓地到达深海。这时的海底几乎没有深度，可以认为是陆地向大海的延长。

海洋的平均深度大约是 3 800 米。根据这个数字，我们可以计算出海洋的总容量大约是 137 000 万立方千米。现在我们换一种方式来说明这个数字有多么庞大。法国最长的河流是罗讷河，河水的流量大约是每秒 600 立方米，在汛期的时候会达到每秒 4 000 立方米以上。假设让罗讷河以每秒 5 000 立方米的流量流淌，并且这个流量能一直保持下去。那么，这条河流要至少 20 年的时间大概才能把大海填满 1/5。通过这个事实，我们可以想象出大海的容量是多么的巨大。

海平面可以上升或下降吗？很多人认为海水在收缩的时候一部分海底会露出水面，当海水膨胀的时候会把陆地吞没一部分。然而事实上海水是不能今天收缩明天膨胀的。

有一门叫作流体静力学[1]的学科，它证明流体能够保持恒定的水平线。不管液体有多大的容量，在水平表面上的任意一点液面都不可能持续下降至低于水平线。当干扰平衡的因素停止后，液体会在流动性的作用下恢复到以前的状态。当液体的容量发生变化时，液体的水平线才会发生变化。需要注意的是，液体的水平线发生变化不受位置的约束；与之相反的是，液体水平线的变化是指整个水平面的变化。当装着液体的容器发生形变的时候，虽然液体总量不会变化，但水平线却会发生变化。

我们已经知道了几千个海里的地点，这些点所在地的海平面从没发生过变化。那些岩石和暗礁，直到今天仍然像千百年来一样被海水拍打着、覆盖着。一系列的事实告诉我们，从现在往前的 40 个世纪里，海水的总量没有改变，这是经过验证的。

如果海水总量和大陆的形状没有发生改变，海平面就一定不会发生变化。然而海洋和大陆的变化是比较明显的，很多地方的海岸线都发生了移转。在一些地方，原来的海洋变成了植被茂密的陆地。而在另一些地方，陆地上的一切都被大海吞没了。

地球的奥秘

---

[1] 这是物理学的一个分支，研究内容是流体（液体或气体）在外力作用下保持平衡的规律。

然而我们被很多现象欺骗了，事实和现象有时是完全相反的。就像我们从前认为地球是静止不动的，但事实却告诉我们地球也是不断运动的。海洋也是这样，虽然从表面来看海水是不断膨胀或收缩的，因为有时海水会把一个地方淹没，过一段时间后这里又会露出水面。然而事实证明海平面是不会发生变化的，与此同时，人们认为大陆固定不变也是错误的，事实上大陆的稳定性较差，地表物质会随着海洋的流动发生改变。海水的水平线不会发生改变，变化的只是水平线的表面，这是因为海底盆地发生了变化。

　　这样一个错误概念已经在我们的脑中形成：大海非常容易发生变化，海岸是固定不变的。然而从大海和陆地产生以来，看起来不变的陆地不断升起和落下，不断翻滚着波浪的大海却从没有背离它的水平线。

　　海水里面包含的成分比较复杂，所以海水不能拿来饮用。海水里面包含得最多的物质是盐，这种物质能有效防止海水中大量动植物的尸体发生腐烂，也可以对通过下水道流进海里的脏水进行净化，所以盐是一个不可缺少的清洁工。不同海域海水的含盐量也不一样，同样是 1 升海水，里海的含盐量是 6 克，黑海的含盐量是 18 克，大西洋是 32 克，地中海则达到 44 克。死海里的含盐量最高，1升死海水的含盐量可达 400 克。这些盐分给航海业带来极大便利：由于盐分使海水比重升高，所以海水能有更大的浮力来承载船只，这也是人能在死海表面漂浮的原因。

　　那么海水里的盐到底有多少呢？如果把海水全部晒干，剩下的盐分能堆成一座高度为 1 500 米、基底面积和北美洲面积相等的盐山。如果把这些盐平均铺在地球表面，地球就会被一个厚达 10 米的盐层紧紧包围。

　　从表面看，少量的海水是无色透明的，大量的海水呈现出略带绿色的蓝色。所以，整个大海的颜色也是略带绿色的蓝色，而且远处海水的颜色要比海边海水的颜色深一些。在天空的映衬和阳光的照射下，海水的颜色也会发生变化。当阳光比较强烈的时候，大海的颜色就是天蓝色或靛蓝色；如果天空布满了乌云，海水的颜色就会变成深绿色甚至是黑色。有些海洋还会呈现出其他颜色，比如红海看起来就是血红色的，这是因为这里的海水中漂浮着大量的海藻团，它们发散出紫红色的纤维。在美国的加利福尼亚附近有一片海域看起来是朱红色的，这是因为这里的海水中生活着很多红色微生物。

除了能把海水变红的物质，还有一些能让海水发光的物质。你应该见过萤火虫，夏天的夜晚，它们在草丛里发出光亮，就像天空中闪闪发光的星星。虽然萤火虫可以发光，但这种光和燃料燃烧时发出的光不一样，在发光的时候萤火虫也不会变热。至于是否发光，则完全看萤火虫怎么选择了。人们把动物自身会发光的现象叫作磷光现象，尽管这种光并不是因为有磷这种物质才会发出。比如萤火虫在发光的时候根本没有磷这种物质参与，只是这种光芒和磷光比较像。在热带地区的海洋里，生活着大量的能发光的微生物，其中数量最多的是夜光虫和火体虫。夜光虫的体型比较小，即使把 5 只夜光虫首尾排成一列，总长度也仅有 1 毫米。它的尾巴就像一根细细的丝，整个身体像果冻一样呈透明状。火体虫的形状像一个圆柱体，长度大约相当于成人的手指，它的身体也像果冻一样呈透明状。下面我们就要讲一个在海上发生的和发光微生物有关的故事。

　　在大海上，有些地方的海面明亮发光，泛起如融化的金属般的波浪。船只劈波斩浪，在船经过的水面上喷射出耀眼的光芒，就像在燃起的硫黄上翻出一道垄沟。火光一般的光芒从水里喷发出来，这种光芒甚至可以盖过烟花。这种现象在海底很常见，在大海深处生活着大量的火体虫。它们总是成群结队地出现，发出的光不亚于燃烧着的熔铁。它们也会变换颜色，从白色到红色，再到金色、橘色、绿色、天蓝色，最后又发出明亮的光。在变换颜色的同时，它们还会像波浪一样前进，而且一边前进一边变换队形。如果这时从远处看这片海域，溶入水中的发光体使整片海域看起来就像一片发亮的平原。

　　如此令人惊讶的美景大多数情况下会出现在热带温暖的海域里，但我们生活的世界到处充满了神秘，比如在法国北部海岸附近。下面是在布伦渔港北部出现的奇妙景观。

　　平静的海面上一片黑暗，但一个小小的、波动着的光点打破了平静和黑暗，就像朝黑暗中扔出一粒发光的沙子。以这个小光点为中心向四周散发的微波也开始带着光芒，这光芒虽然仍然很微弱，但在这黑暗的海面上非常显眼。船桨的拍击使原来静止的光芒开始活跃起来，形成一幅跃动的图画。

　　这光芒越来越耀眼，翻滚的海浪闪耀着明亮的银光，浪头发出蓝色的光，仿佛海水里藏着数不清的星星。海浪冲到岸上后就平铺在沙滩上，白色的、闪亮的波光点缀着海岸。随着浪花慢慢退去，海滩又陷入一片漆黑之中，然而只要有一点干扰，比如人走在沙滩上，就会使海岸重新出现闪亮的景象。踩在脚下的沙砾，仿佛炉子里剧烈燃烧的煤。用一根木棍划过水面，水面上就会留下一道白光。把手伸进水里，手好像变成透明的了。面对这样的景象，我还以为这是一片水银组成的大海。这时我把一杯海水泼向空中，在空中仿佛出现了一道光芒四射的火焰。不久之后，海面重新恢复了平静和黑暗。

这种现象是由夜光虫引起的，一滴海水里至少有几百只这种生物，试想一下，组成照亮整个海面的光源得需要多少只这样的小生物啊！虽然我们不能算出具体数字，但可以肯定的是，这个数字是惊人的。这个大自然的奇迹让我不禁思考：是怎样一种力量让这里出现了数量如此庞大的生物？但我始终不能找到答案。

第二十三章　珊瑚岛

石灰石是最值得我们关注的海底岩石，它是海水的产物，这和岩浆产生了花岗岩一样。现在，无论我们进入地球内部还是爬上一座高高的山峰，都会发现大量嵌入石灰石中的化石。远古时期的生物死后，它们的尸体被不断沉积的矿物质掩埋并慢慢石化，又经过上万年的积累，最后变成化石嵌入石灰石里。一些古生物的化石也会变成大理石，现在使用的建筑材料有很多都是古生物藏尸的地方，里面是珊瑚或者鱼类贝类的尸体。可以说，找到一块里面没有古生物遗体的石灰石几乎是不可能的。

在地下这个巨大的墓穴中，大型动物的尸体比较少，数量最多的是一些微小生物的尸骨。在金字塔所用的材料里，包含着大量的货币虫[1]这种微小生物的化石，这种生物和小扁豆很像。巴黎这座城市兴起时，用到的建筑材料几乎全是包含了大量微小粒状贝壳的石灰石，每个贝壳的直径还不到 1 毫米。这么微小的生物，却用它们的成果给我们带来极大的震撼，我们也可以想一想，它们创造出这么令人惊讶的成果要经过多少个世纪啊！

这些弱小的生物，在史前海洋这个巨大的工厂里被加工成石灰石。正是这些肉眼几乎看不见的原材料，组成了石灰石小颗粒，经过上万年的积累，最后变成使地球永远保持坚固的框架，它们以弱小的身躯，奠定了安第斯山和喜马拉雅山的根基。它们永远不知疲倦地建筑着，这些丰富的石灰石外壳，最终形成了今天我们脚下的地层。同时它们还是让大气变得更清洁的清道夫，下雨的时候会有大

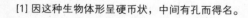

[1] 因这种生物体形呈硬币状，中间有孔而得名。

量二氧化碳等气体随着雨滴落下，溶解在海里的石灰石会吸收这些气体。为了更清楚地了解陆地是怎样被这些微小的微生物建成的，我们先看看现代海洋中的情形。

今天的大气中只包含少量的二氧化碳，约占大气组成物质比例的 3%。在一般情况下，大气的组成比例比较稳定，有些活动可以增加大气中二氧化碳所占的比例，例如动物呼吸、物质燃烧、带有气体的液体分解、火山喷发、有机物的腐烂等。

人类呼吸时会产生大量的二氧化碳，同时分解作用也会产生很多二氧化碳。此外，我们还要注意的是，燃料也会产生二氧化碳，尤其是在工业生产中会用到大量的燃料，这个过程中产生的二氧化碳数量也是非常巨大的。例如整个欧洲每年因燃烧燃料产生的二氧化碳就达 800 亿立方米。另外，火山喷发带来的不只是我们之前说过的那些可怕的灾难，还会带来大量的二氧化碳。既然如此，为什么大气的比例仍然这么稳定呢？大量二氧化碳被海洋吸收，为什么海洋的空气仍然适合呼吸呢？

首先，植物的生长需要吸收二氧化碳，实际上植物吸收了空气中大部分的二氧化碳，这些植物把二氧化碳分解为氧气和碳的有机物，氧气被释放到空气中，碳的有机物则被储存在植物体内。很明显，这种活动并不会使植物的生长活力降低，那样下去会怎样呢？在植物体内会堆积大量的碳酸，为植物的生长发育提供不竭的动力。实际上，植物对动物的呼吸和自然的腐败过程起到直接或间接的支持作用，通过吸收二氧化碳，植物能够制造出新生植物成长所需的碳类有机物。所以，假设动物呼吸和机体分解不断进行，那么在地球上，植物消耗的二氧化碳和为动物呼吸制造的气体是相互平衡的，大自然处于不断的循环之中，昨天的废物在今天得到了利用。生和死也始终保持平衡，有机物的腐败为机体循环再生提供了物质，每一步都是在为下一步提供生存的基础。

在了解植物对大气的重要贡献后，我们再看一下火山和气态喷泉释放的二氧化碳，这也是一个让人震惊的数量，这些气体要是都留在大气里，地球上所有靠氧气维持生命的生物将会面临巨大的灾难。这时候就需要这样一种媒介，它的主要任务就是让大气变得适合动物呼吸并且还能把地下难以呼吸的气体处理掉。这个媒介就是生活在海底的那些微小生物，它们把二氧化碳气体包裹起来，并把气体转化为固体，使之无法在短时间内回到空气里。这些包裹着气体的矿物质，在未来可能会成为陆地形成的基础。

在这些构建陆地、净化空气的微小生物里，最重要的是软体动物和珊瑚虫。其中，软体动物又被称为甲壳类水生动物，它们不属于鱼类。关于软体动物的特点我还要特别说一下，那就是它们的身体都被一层甲壳包围，这层甲壳是由它们不断分泌的物质变成的，即从它们身上的孔分泌出的石灰质。

我们以蜗牛为例来说明软体动物是怎样产生外壳的。虽然蜗牛生活在陆地上，但它也是软体动物。我们人类会搬进别人建好的房屋，但蜗牛赖以生存的外壳是它自己建造的。不仅如此，人类在建造房子的时候只是按照预先的设计把建筑材料组合到一起，建房子的人并不是建筑材料制造者，如石材是采石工人挖出来的，木材是伐木工人砍伐的。而蜗牛不仅自己设计建造房子，它还能自己制造建筑材料，这些材料的来源是蜗牛的身体。和其他软体动物一样，蜗牛也有心脏和血管，血液在这里循环，但它的血液是无色的。这个蜗牛自己设计、生产材料并且建造的房屋，也是它私人财产的重要组成部分。

你想知道蜗牛扩建贝壳的材料是从哪里来的吗？这很容易，当我们轻轻碰一下蜗牛的时候，它就会立刻缩回去，这时就会看见蜗牛的肉体上有大量的小点，每个小点都能储存石灰质，这些石灰质是扩建贝壳的重要材料。在身体扩张的同时，这些物质也会分泌出来并粘在贝壳的边缘，随着新物质的不断增加，贝壳也逐渐变大。

然而一个新问题出现了：石灰质是从哪里来的？这是因为蜗牛会吃下含有碳酸盐颗粒的石灰，鸡蛋的蛋壳也是来自母鸡吃下的石灰质颗粒。假如母鸡只吃纯净的食物，从来吃不到任何含有碳酸盐的石灰质物质，那么它下的蛋很可能是软皮的。同样的道理，如果蜗牛吃的东西里不含石灰质物质，那么它的壳就会非常脆弱甚至不能形成外壳。

和蜗牛一样，海洋里的软体动物也是用分泌物来给自己包上坚硬的外壳的，它们食用的石灰质物质来自大海。火山爆发、燃料燃烧等过程会产生大量二氧化碳，这些气体随着降雨落入大海，因此海水里有了碳酸成分，碳酸成分和石灰质结合在一起就形成了碳酸盐颗粒。即使海洋里没有游离状态的石灰，也会含有大量的以石灰成为主要成分的物质。例如每升地中海海水中含有盐残留物的质量约为 44 克，其中包括 6 克钙的氯化物、1.5 克含石灰的硫酸盐及 0.114 克含石灰的碳酸盐。不仅是在海水里，纯净水里也会有一些被溶解的石灰石，有时会多到结一层硬壳。所以，任何一条注入海里的河流都会给大海带去或多或少的石灰石，海洋里也因此有了石灰成分，虽然这种成分在海洋物质里所占的比例无法计算出来。软体动物和珊瑚虫就是用这种物质慢慢把自己包围起来，最终形成了硬壳和珊瑚。

珊瑚虫是非常神奇的建筑师，它们竟然能建起一座岛。可能你对它们还不是很了解，现在我就来给你们介绍一下。它们的身体非常脆弱，即使是轻微的触碰也很有可能要了它们的命。但就是这样一种脆弱的生物，通过无数个体的结合和堆积，居然能建成一座大的岛屿，下面我详细地说一下这种神奇的小生物。

你可能没见过珊瑚，但你应该见过用珊瑚做成的手链、项链等装饰品。如图 22 所示，这是珊瑚被做成装饰品前的样子。尽管它长得像一棵树，也有树干、树枝和树梢，但它不是植物界的成员；尽管它又硬又脆，但它也不属于矿石。比较传统的看法是，珊瑚是珊瑚虫的外骨骼。同时它还是一座海底城市，保护了许多弱小生命使它们不被敌人吞掉。

图 22

图 23 就是珊瑚虫放大后的样子，它们的身体非常柔软，体形呈对称的圆盘状，身上还有 8 个向展开的花瓣一样的触角，触角上还有一个与囊状身体相通的口。它们用触角捕捉海水，然后把捕捉到的海水吞进口中，和口连接的液囊相当于胃，

海水里的食物和钙质在这里被消化，消化完后的残渣也是通过这个唯一的口吐出来的。

图 23

　　无法计数的珊瑚虫共同生活在一块珊瑚礁基上，每只珊瑚虫都有一个属于自己的陷入珊瑚礁壁上的小坑，珊瑚虫之间的关系是既独立又互相依附的。它们的消化腔彼此连接，最终形成一个复杂而庞大的管道系统，每只珊瑚虫得到的营养都可以分享给其他珊瑚虫。珊瑚虫不断地从流过身边海水里捕捉能吃的东西，即使一只珊瑚虫得到了食物而其他的没有得到也无妨，因为我们说过，这群珊瑚虫能通过相连的管道分享食物。

　　然而这些消化腔是怎么连接在一起的呢？最开始的时候，每个珊瑚虫都是独立地附着在珊瑚礁基上的，当附着在这里的珊瑚虫数量达到一定程度时，一个新的生物群就慢慢形成了。珊瑚虫有一个很厉害的本领，它们会成倍地分裂繁殖。分裂出来的新珊瑚虫挤压在一起，使珊瑚体的枝茎不断增长，新珊瑚虫的消化腔与母体连接在一起，以便能够吸收生长所必需的养料。这种繁殖的速度非常快，转眼间就会生成大量的珊瑚虫。所有珊瑚礁都是这样形成的，它们像蜗牛一样不断地分泌出石灰质物质。随着珊瑚虫的增多，珊瑚礁也慢慢变大，可以说，每只珊瑚虫都为这个过程做出了自己的贡献。

　　现在你们可能已经明白珊瑚礁是怎样形成的了，但这并不能说明另外一个新珊瑚群是怎样从第一个里分离出来的，因为这些生物体上的所有珊瑚虫都是互相连在一起繁殖的。珊瑚虫附着基通过珊瑚虫的分裂繁殖而不断增长，然而另外一个新的珊瑚虫附着基的产生方式与此不同。这是一个极其复杂的过程。当珊瑚虫生长到某个阶段的时候，它不会继续分裂而是开始产卵，海水把卵带到其他地方，新的珊瑚虫群体就这样形成了。

图24

图 24 只是珊瑚虫的一种形态，它们组成的珊瑚形态各异。最常见的是白色的珊瑚，这是因为珊瑚的主要组成材料是石灰质的碳酸盐；也有少量的红色珊瑚，因为珊瑚虫本身是红色的。五彩缤纷的珊瑚让人一看就喜欢：有的珊瑚像低矮的灌木丛，也有灌木一样的枝条；有的珊瑚整齐地排列，像是平铺在地上的钢管；还有的珊瑚紧紧地聚在一起，让人想起蜂窝；也有的排列得比较松散，气泡充满其间，就像石化了的肥皂沫。另一些珊瑚是圆形的，外表看起来就像一个蘑菇，上面布满了斑点，有的像天上的群星，有的像蜘蛛网，有的像扭曲在一起的褶皱，有的像被剪出花边的纸张。之所以会有这么多美丽的形状，是因为组成珊瑚礁的珊瑚虫张开了它们的触角。

一座珊瑚礁要经过成百上千年的增长才能初步成形，因为每只珊瑚虫提供的石灰质是极少量的。有人对红海里的珊瑚进行了研究，这里的珊瑚直径一般在2~3米，它们都来在于同一个家族。由此可知，这些珊瑚经历了很长的形成过程，经过科学的计算，它们形成的时间大约在建造金字塔的时代，更难得的是生活在珊瑚里的古老居民们仍然活跃着。这么弱小的生物是怎样建造出如此伟大的建筑的呢？我们很难给出正确的解释，只知道建造者的数量、建造者分泌的物质及时间是重要的因素。在温暖的热带海域，有最适合珊瑚虫活动的自然条件，它们聚在一起不知疲倦地建造着，直到珊瑚露出海面，它们向上建设的脚步才终于停下来，但它们不是选择休息，而是选择继续向水平的方向进行。露出水面的珊瑚变成了暗礁，暗礁不断扩大又变成了小岛，小岛连在一起变成了岛屿，最后在海洋中就到处是这种岛状陆地了。

珊瑚岛可以看作是珊瑚虫堆积的高原，它的根基牢牢地扎在海底。刚形成的珊瑚岛只是一个满是石灰的荒岛，海风和海水会给这座岛带来一些植物的种子，小岛的颜色也因此发生变化。一些随着木头漂来的昆虫首先在这里定居，然后迷失了方向的海鸟在这里安家。它们让小岛变得富饶起来后，人类便开始在这里建造房子，定居下来。

珊瑚岛一般只有一小部分露出海面，这部分通常呈椭圆形或圆形，岛中间是一个小小的湖，湖水和岛周围的海洋是相连的。如图 25 所示，这是一个多么美丽的景象。陆地上覆盖着高大的棕榈树，绿色的树叶在蓝天的映衬下格外鲜艳。一汪浅浅的咸水湖静静地躺在树下，珊瑚虫和软体动物仍在不知疲倦地建造着岛屿。在岛屿的周围，是铺满了白色沙子的沙滩，这些沙子的主要组成部分是贝壳的碎末。再远一点的海岸线布满了礁石，海浪打在这些礁石上，形成了白色的泡沫和水雾。小岛地势非常低，很容易被大浪吞没，但那些勤劳的珊瑚虫帮助岛屿抵挡住了海浪的进攻。它们夜以继日地加固小岛，一粒一粒地建造着礁石，建造的速度和大海破坏的速度不相上下，所以小岛才能长时间露出海面。虽然每只珊瑚虫都是微不足道的，但它们柔弱的身躯连合起来产生的力量是巨大的，甚

图 25

至能对抗强大的海洋。

　　地球上有很多陆地和岛屿是由珊瑚构成的。当我们打开世界地图的时候，我们会看见成千上万的岛屿分布在广阔的太平洋上，这其中的绝大部分岛屿完全是由珊瑚构成的。即使不是珊瑚岛，在这些岛的周围也会包围着许多小型珊瑚岛。在印度洋上有一个马尔代夫群岛，这个群岛由 2 000 个大大小小的岛屿组成，它们无一例外的都是珊瑚岛，其中最大的一个直径长达 8 千米。世界第五大洲——大洋洲的大部分也是由珊瑚形成的。

　　它们为世界的形成做出了不可替代的贡献，从史前时代开始，它们就在辛勤地建造着。实地勘测表明，一些山脉和陆地底层也是珊瑚虫创造出来的。在我现在生活的这个小镇上 [1]，很多房子的建筑材料里就含有珊瑚成分，包括我居住的房子，它的墙壁里也有含有珊瑚虫遗体的沙石。

[1] 译者注：当时作者可能居住在橘郡。

第二十四章 潮汐

　　在不被打扰的情况下，盆里的水会永远保持平静，大海里的水也是这样。然而，安静的海面是有害的，因为大海只有通过不断运动才能让海水不至于变臭，这种运动还会给海洋里的生物带来呼吸所需要的气体。同时，大海的运动还能防止堵塞凝滞，让海水变得更加干净卫生。因此，运动对海水来说有着重要的意义，就像大气运动对于人类的意义一样。大气、地表热量和月球引力是引起海水运动的主要因素。

　　当风吹过海面，海面就会掀起波浪。如果风很大并且持续的时间很长，就会掀起巨浪，巨浪会把海水用力拍到沙滩上。但即使是最大的风暴，也只能让海洋表层的水运动，在海面以下 30 米的地方依然是非常安静的。法国海岸附近的浪高一般在 2~3 米，在南部的合恩海峡和好望角地区会比较特殊，这里的海浪有时会高达 10~12 米。这时海面上仿佛立起一面垂直移动的水墙，在两个波浪之间是一个巨大的水沟。在风暴的推动下，巨浪勇猛地向前冲去，直到被海面产生的阻力慢慢消耗尽所有力气。

　　这种推动海浪冲撞岩石的动力让人惊叹，当海浪猛烈地把海水扔到岸边岩石上时，那震耳欲聋的撞击声似乎震动了整个地球。海水把石块冲得到处都是，一些小的鹅卵石还会被卷走。在这种强大力量的冲击下，沿海地区形成了大量的悬崖绝壁，比如，法国和英国的海岸线上就有很多这样的绝壁。随着时间的推移，悬崖上的石头不断掉进海里，被海水磨成光滑的鹅卵石。海水就是这样侵蚀陆地的，一些地方的灯塔、海边小村庄等人工建筑也会被海水破坏，永远地消失在大海里。

　　当然也有与此不同的风貌，海水也会把大量的沙子冲到岸上，在海风的作用下，这些沙子堆成一个个沙丘，比如布伦港沿岸的沙丘、布列塔尼的沙丘、比利牛斯到波尔多的沙丘带、兰蒂地区的沙丘。

这是一个多么神奇的景象啊，走在沙丘上，脚会深深地陷进去。抬眼望去，四周都是沙漠，甚至远处的地平线都是淡黄色的。站在这里，我们感觉自己已经迷失在这片黄色的海洋之中了。因为我们可以把沙滩看成一片海洋，无数个起伏的沙丘就相当于海浪的浪尖，只是这个浪尖移动得异常缓慢而已。这里同样是非常寂静，能听到的只有大海里波浪翻滚的声音，有时也会有几只海鸟飞过，留下孤独的哀鸣。

如果在暴风雨来临的时候来到这里，那么就不得不面对一些麻烦了。在大风的推动下，沙子飘在空中形成厚厚的沙雾向前推进，这就是沙尘暴，它的威力毫不逊色于海面上的龙卷风。过了好久，风暴终于停息下来，这时你会发现周围的环境完全变了：原来的低谷变成沙丘，而原来的沙丘却变成了低谷。

风暴过后，沙堆会更加深入内陆。大风把沙堆吹向前面的低地，沙堆就这样向前移动，直到被吹到海边的耕地上。此时，新的沙堆在海边形成了，它们占据了前进的沙堆原来所处的位置。就这样，大片耕地被沙堆吞没。即使前面是一片茂密的森林，沙堆仍然能很快把所有植物吞没，原来高大的树木最后变成一点点枯枝露出地面。此外，人工修建的房屋也难逃厄运。这么强大的对手来到面前，人们该怎么应对呢？虽然它们每年能前进20米，所过之处全部被吞没，但聪明的人类仍然想出了对付它们的好办法，那就是种植松树，因为结实的松树能有效阻止沙子肆虐。

前面我们说的这些海洋活动都是毫无规律可循的，海洋还有一些有规律的运动，潮汐就是其中的一种。在任意一处海岸，海水会在某个时间段后退，把原来淹没在水里的地方里露出来。一段时间后，海水又会冲上来重新占领原来的地方。这两个过程分别叫退潮和涨潮，它们之间的间隔大约是6小时，即每天退潮和涨潮分别有两次。

有些人不明白潮汐的原理，就认为这个现象很神秘。因为不管是天气晴朗还是狂风大作，一旦到了某个固定时间，在毫无征兆的情况下，海水就会立刻后退一段距离，然后停止后退，就像海里突然出现的一道裂缝把海水吞进去了。

退潮的时候也是最令人愉快的时候，因为此时的海岸上会留下许多搁浅的生物，其中最多的就是小鱼、小虾，它们躺在海草中早已奄奄一息。另外，还有很多美丽的贝壳和光滑的鹅卵石。在捡拾这些东西的时候一定不要走太远，因为海水涨潮时的速度是非常快的，这个速度甚至超过了最快的马匹。海水夹杂着泡沫从远处涌来，同时发出低沉的呼啸声。海水迅速占领原来的领地，之前留下的生物又重新被卷入大海。

那么，潮汐是怎么形成的呢？我们说过，各个天体之间存在着巨大的引力，如地球吸引月球，太阳又吸引地球。在这种引力的作用下，小天体围着大天体运动，即月球围着地球转、地球围着太阳转。然而力的作用是相互的，也就是说，不只是大天体吸引小天体，小天体同时也在吸引着大天体。当地球吸引月球的时候，地球也会受到来自月球的吸引力，这种力量会作用在地球上。由于海水的流动性，所以月球引力对海洋产生的影响要比对陆地产生的影响明显许多。

为了使这个问题变得更好理解，我们假设地球表面都是水。首先要明确，在地球上，随着和月球之间距离的增加，月球引力的影响就会逐渐变小。如图 26 所示，T 表示地球，L 表示月球，阴影部分表示海洋。很容易看出，由于 A 点和月球之间的距离比 B 点近，所以 A 点受到的月球引力要大于 B 点，同时 A 点附近的水面会升高。但由于各处受到的月球引力不同，比如 B 点受到的引力最弱，这里的水向月球流动的速度要慢于其他地点，所以这里的水会向与月球相反的方向膨胀。在水体压力的作用下，A、B 两处水面升高，这时必须从附近海域得到补充。而 C 点和 D 点的压力最大，月球作用在这两点的引力是中等大小的。所以，此时涨潮的地方是 A 点和 B 点，落潮的地方是 C 点和 D 点。

如果站在 A 点观察，月球就在头顶，这时海水的水位处于最高值。B 点也是如此，只是 B 点和月球的距离比 A 点多了地球直径的距离。对于 C 点和 D 点来说，月球的位置是在水平线上。不管是在东半球还是在西半球，当海水涨到最高的时候就是月球在头顶的时候；而当月球和地平线平行的时候，海水的高度就会降低。地球自转一周需要 24 小时，在这个过程中，地球的每一面都会面向月球，同时月球自东向西围着地球公转。在这两个因素的作用下，地球上所有海洋每天都会经历两次涨潮和退潮，中间的间隔大约为 6 小时。潮汐有规律的发生终于得到了一个科学的解释——因为天体运动是有规律的。

即使你不明白这些道理，那你也应该知道太阳对地球是有吸引力的。你也许会问，太阳对潮汐的影响会不会远远大于月球呢？不可否认，潮汐的确受到太阳的影响，但太阳离我们实在是太远了。如果月球能让海水上涨 5 米，太阳只能让海水上涨 2 米。所以，月球才是引发地球海水进行潮汐运动的主力。

然而太阳对潮汐的影响也是不能不考虑的，其中的原理和月球引起潮汐相同。有时太阳会和月球处在地球的同一侧，有时太阳会和月球分别处于地球的两端。在这两种情况下，地球上的海洋都会产生大潮。其中的道理我们已经说过，在地球受到引力影响的时候，相反方向的海洋都会涨潮。大潮总是发生在朔日和望日，即月球、地球和太阳处在同一直线的日子，这时月球只能是满月或新月。但当月球和太阳一个位于头顶、另一个位于水平线上的时候，地球受到月球的引力就会被削弱，这时潮汐就变成小潮。此时在地球上只能看到一半月球，我们把这样的月球称为上弦月或下弦月。

很难想象潮水也会有这么剧烈的变化，并且每天都会发生涨潮和退潮。潮汐只是在海洋表面发生，携带着潮水在前进的过程中遇到的漂浮物。同时，潮水的起落地点是相同时，当月球处于头顶，海水就会上涨；当月球慢慢偏移，海水就会退去。这时产生的波浪不会成为船只前进的动力，就像往水里扔一块石头，激起的波浪也不能推动水面上的木棍。海洋上的波浪交替起落，自西向东前进。如果地球真像我们想象的那样都是海洋，那么整个地球就都应该是这种景象。

然而地球表面有四分之一的陆地，此外还有很多岛屿，它们都会对潮汐产生影响。在它们的影响下，大潮出现的时间和月球运行到头顶或相反方向的时间并不同步，一般会向后延一段时间。不同的地方后延的时间不同，如直布罗陀海峡几乎不会延迟，比斯开湾延迟约 3 小时 32 分钟，吉伦港口延迟约 3 小时 53 分钟，

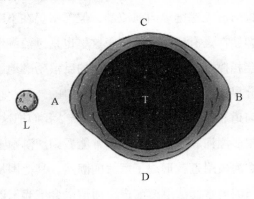

图 26

圣马洛延迟约 6 小时 10 分钟，瑟堡、迪拜、敦刻尔克延迟的时间分别是 8 小时、11 小时和 12 小时 13 分钟，我们把这种延迟称为潮候时差。了解涨潮和退潮的具体时间对航海业有很大的帮助，因为这个时间几乎是不会变的。

距离大陆比较远的地方海水上涨并不高，有些地方上涨还不到半米。图 26 中画的样子比较夸张，水面膨胀的范围虽然很广，但高度远远没有达到那种地步。在距离大陆比较近的地方，特别是有些地方的海湾比较狭窄，潮水在这里会受到阻碍，所以上涨的高度比较高，这种情况在距离大陆比较远的地方几乎不会发生。例如圣马洛海峡，这里潮水的水位会比平均水位高 6.0~7.5 米，潮水落下的高度也是这么高。所以，这里涨潮和落潮之间的差距会有 12~15 米。法国只有英吉利海峡涨潮的高度能超过 2 米。

在远海地区不会因潮水的涨落而发生涌流，近海地区则与之相反。涨潮时水位迅速升高，落潮时海水快速撤退，由此形成了有规律的潮汐涨落现象。

像里海一类的内陆水域和湖泊是不会出现潮汐现象的。如图 26 所示，当 A 点和 B 点水面上升时，C 点和 D 点水面一定会下降，因为如果一个地方水量增长，另一个地方的水量就会减少，这样才能保持总水量不变。当 A 点满潮的时候，C 点就会出现低潮，两点之间的距离是地球周长的 1/4 周长。这意味着如果某处发生潮汐现象，那么一定要延展地球周长 1/4 的距离。尽管里海是世界上最大的咸水湖，但它的大小还远远没有达到要求。地中海的条件也不足，虽然直布罗陀海峡把它和大西洋连在一起，但这个海峡太狭窄，无法形成潮汐。因此，内陆水域和湖泊相对平静，不会有大海那样的大潮大浪。

涨潮给河口带来许多石子和沙子，它们堆积起来的高地叫作沙洲。在沙洲的阻碍和海水的压力下，河流无法继续向前流动，但河水仍在不断和海水斗争。例如在阿杜尔河河口，即使在没有风的天气里，这里也是巨浪翻滚，而且永远不会停下来。河水和海水互相撞击，夹杂着白色泡沫的巨浪磅礴地翻涌。在河水和海水之间有一道白色的分界线，它勾勒出阿杜尔河河口的外形。

有时潮水会涌进河道，使河水水位升高甚至倒流，我们把这种现象称为潮涌。这种现象在法国的多尔多涅河和塞纳河河口经常能看到。潮水上涨的时候，大量的海水涌入吉伦港，在河口附近就形成了巨大的潮涌，其范围从波尔多港一直向海边延伸，多尔多涅河的河水无法继续前进，河道里会堆起三四层的巨浪。巨浪夹杂着震耳欲聋的吼声迅速逆着河流冲锋，刹那间就把河口向里推进了40千米。在它前进的过程中，会把造成阻碍的树木、堤岸、船只等全部破坏掉，甚至能把石块扔到很远的地方。

亚马孙河河口发生的潮涌举世闻名，当地的土著居民把这种现象称为波波罗卡，潮水倒灌的时候，河流的入海口会被向里推进达800千米。大潮一到，水声震天，声闻数里，气势惊人。两股巨大的水流在河口猛烈撞到一起，发出震天的响声，周围的陆地都晃动起来。潮水很快挤满了河道，河面也猛涨了数米。第一轮波浪刚刚袭来，第二、第三，甚至第四轮会立刻跟进，战败的河水只能顺着河道撤退。波浪快速前进，途中的一切都被淹没了，石块变得像木头一样在水面上打着旋儿，能剩下的只有那些巨大的岩石。

除了潮汐运动引起的潮水起落外，海洋里还进行着其他活动，其原因是地表受热不均。如果一个流体各部分温度不同，热量就会自动分配，这个分配方式就是冷流向热流流动，热流同时也向冷流流动，直到整体温度相同。如果始终不能达到温度平衡，那么这种对流就永远不会停止。所以，两极的冷水和热带的温水就会不断地互相流动。

在海洋里有无数条大大小小的洋流，它们对大海的清洁做出了贡献。这些洋流里最出名的要数墨西哥暖流了，它从墨西哥湾出发后，一直向东北方前进。这条暖流的流量极大，即使把密西西比河和亚马孙河的河水流量加在一起，也不到墨西哥暖流水量的1‰。而且这股暖流的温度极高，因为墨西哥湾处于热岛地区，并且这里的海底到处都是活跃的活火山，二者共同给墨西哥暖流提供了热量。

墨西哥暖流在流动的过程中不断消耗热量，即便如此，当它来到北极地区时的温度仍然能把一些冰层融化。当这股暖流流到纽芬兰附近时就会兵分两路，一路继续向北极地区进发；另一路则向东前进。向东前进的暖流在亚述尔群岛附近再次分裂，一部分继续向东，流经法国、英国、挪威等欧洲国家，最后在北角[1]厚重的冰块下消失；另一部分绕过非洲大陆后重新回到墨西哥湾。

墨西哥湾流呈现出漂亮的淡蓝色，和周围绿色的海水有着明显的区别。它刚

---

[1] 译者注：北角是欧洲大陆最北的地方，它位于挪威的马格尔岛上。

出发的时候约有 20 千米宽，300 米深，速度大约是每小时 10 千米，虽然这个速度会逐渐慢下来，但它到达终点时的速度也是很快的。然而奇怪的是，虽然它旁边的水流温度相对较低，但直到亚述尔群岛，它也没有和其他水流混在一起。

假如没有这道暖流，那么欧洲北部的一些国家，如英国、爱尔兰、挪威等，每年都会经历一个极度寒冷的冬季。让我们用数字来说明一切，把温度计分别放入墨西哥湾暖流和冷水区进行测量，发现两处的温度差达到了 12~17℃！冬天有些地区的海水会接近 0℃，但暖流能让这里的温度升高到 26℃，可见它带来的热量有多么惊人。

墨西哥湾暖流带来的不只有温暖，还会带来大量燃料。它在流动的过程中会把从路易斯安那州和佛罗里达州入海的树木带上，一直带到燃料匮乏的北欧地区。这里的居民此时非常兴奋，他们兴高采烈地收集岸边的浮木作为燃料。

刚才我们说过墨西哥湾流会在亚述尔地区分流，其中一支绕过非洲大陆又回到墨西哥湾，它绕过的区域比地中海还大。它经过的海域生活着大量的海生植物，这些植物在海面扩张成大块的浮游植物田，给经过这里的船只带来很大的麻烦。航海家哥伦布看到这种景象后非常震惊，他看到的是海带、海藻植物组成的又厚又大的毛毯，船只在里面几乎寸步难行。虽然其他人都感到非常绝望，但他们还是在哥伦布的带领下成功突围了。

第二十五章　极地

如果向南方和北方分别出发，就会来到一个寒冷无比的冰雪之国。那里的水都是固态形式的，地面也是光滑坚硬的冰层，一眼望去到处都是形态各异的冰山、冰块和冰岛，它们像花岗岩一样坚硬无比。附近的海水也被冻成一个巨大的冰库，冰面和附近的地面紧紧地连在一起。可以说，在这片广阔的区域里，坚硬的冰雪就是主宰，虽然冰地的面积会根据季节的变化而变化，但却永远不会全部融化。这就是我们这章要说的神奇的极地，由于北极距离我们比较近，所以我们首先从北极开始。

如果夏天乘船去北极，我们遇到的第一个大问题就是那些阻碍船只前进的大片浮冰——冰山。冰山的形态是多种多样的，有的像废弃的城堡，有的像石塔的废墟，有的像一面墙壁，有的像旋转向上的楼梯……有时候冰山的样子像一座小山；或者像字母 M；或者是山脉的断片；或者是上帝才能创造出来的苍穹；或者是在乡村常见的古朴的石桥，似乎有一种神奇的力量在使石桥保持平衡的状态；或者干脆是一个大深坑，让人感觉里面住着可怕的海底怪物。这些造型简直超出了人类的想象力。

一座冰山露在海面的部分高约 50 米，面积约 3 平方千米，但是隐藏在海面下的部分大约有 200 米。浮冰的来源并不仅仅是海洋冰面破裂产生的碎片，另外一个重要来源是从冰川分离出来的。前面我们说过，在海拔大约 1 000 米的地方，冰川就会停止移动并且渐渐融化，然而如果到了极地，在如此寒冷的条件下，它们是不会融化的，并且会继续降至海平面的位置。在格陵兰岛上有比阿尔卑斯山面积更大的"冰河"。它们移动的速度很慢，这里不能用"流动"这个词，因为它们从源头一直到入河口，始终保持着固态的形式。所以，它们是把大量的冰块扔进海里，而不是把水流注入海里。在这些被扔进海洋的大冰块里，还夹杂着被封在里面的冰碛、碎石块等物质，它们以一个整体向前移动。有时候它的前端会伸出海洋，好像被海水不断冲刷的海岬，最终我们会听到一阵惊天动地的响声，海水也被激起。这时，破裂的冰川就会在海水的侵蚀下掉进海里，随后立即浮在海面上。这场巨变产生的冰川碎片不断向海洋的其他地方漂浮，一个接着一个的冰山就成为海洋冰山巡洋舰队中的一员了。

在寒冷的季节，冰山会布满整个海岸，峡湾和海湾的入口会被冻住；在温暖的季节，冰山会融化成碎片，带着石块等物质漂浮，最后慢慢融化，把石块等物质扔进海底。

冰山有大有小，小的冰山只是单独一座漂浮在水面，大的冰山则一眼望不到边，成千上万座冰山像庞大的舰队在海面前进。这种景象非常奇妙：或像洁白的大理石，或晶莹剔透，随着海浪的涌动上下舞动。在浩瀚的大海和湛蓝的天空之间，一座座冰山宛如巨大的汉白玉宫殿，它们在阳光的照耀下发出绚丽的光芒，让人产生无尽的遐想。看到这种景象，我们会觉得自己置身于童话世界中，这些如诗如画般的冰山是神奇的自然创造出的精美艺术品。然而，这里也到处是危险。无数冰山在海面上四处漂荡，在海浪的推动下，两座冰山会突然撞到一起。如果此时恰好有一艘船夹在它们中间，那么这艘船可能会被夹成碎片。

很多海员都目睹过这样的惨剧，有一个叫斯科比的英国海员说，有一次他在北极见过巨大的冰山把一个有着 30 多艘船的船队夹在里面，这些船立刻就不见了。还有一次他看见巨大的冰山把一艘船夹在里面，只看见桅杆顶端露出来。有时是一艘船被夹翻，有时是冰山把船刺穿。然而漂浮的冰山还不是船只在海面上遇到的最大威胁，船只有时还会和来自巴芬湾[1]的大冰原相遇，这些冰原要比冰山大许多倍。斯科比就遇到过一个长约 150 千米、宽约 50 千米的巨大冰原。冰原的底部是坚硬的冰层，外表形状多种多样，有的很像岛屿上的山脉，它们会突然分裂开来，但不久后又会重新合在一起。你可以把它想象成一块陆地，在寒冷的冬天，这块陆地被冻得坚硬无比，在一股巨大力量的推动下，陆地上的城镇、

---

[1] 译者注：在加拿大的巴芬岛和格陵兰岛之间的一个海湾。

134

村庄、山脉以非常惊人的速度冲进海里，任何阻碍在它面前都可以忽略不计了。如果你在海面上看到这样一块像岛屿一样大的物体向你冲过来，你想后退都来不及了，你要做的只能是把船以最快的速度向两边开，也就是给它让路。

为什么这些巨大的冰原会从巴芬湾向南漂流呢？这是由于墨西哥湾洋流和大西洋洋流恰好经过这里，它们在极地遇冷后回转海湾，在半路推动冰原向南漂流。

海水蒸发的时候含盐量不会减少，所以海水的比重会增加。墨西哥湾洋流出发的墨西哥湾温度很高，所以这里海水蒸发的速度也比较快。

于是这里海水的含盐量逐渐升高，海水比重也越来越大，然而高温又会让海水的比重变小。由于前者的效果小于后者，因此虽然海水含盐量较大，但仍在冷水上面形成暖流。所以，只有在温度足够高的情况下这股暖流才会在海面上方流动。当热量消失的时候，这股洋流就会沉入海底。另外，来自极地的寒冷洋流，由于温度较低而在海底流动。当暖流的热量消失沉入海底后，寒流就会浮出水面。

北方会出现与上述情况相反的现象，即暖流沉入海底，寒流漂在海面上。通过观察冰山就可知道这一点，从北向南移动的小冰山只浸入表层洋流；由南向北移动的大冰山的底座可以浸入深层洋流。所以，冰原是在墨西哥湾暖流热量散尽，返回取暖力量的推动下从巴芬湾向南漂流的。在纽芬兰岛北部，极地寒流和墨西哥湾暖流相遇。从这里向墨西哥湾方向是寒流在下暖流在上，向极地方向则是寒流在上暖流在下。

在洋流的作用下，纽芬兰岛周围和格兰德海岸出现了海底高原。从南方来的暖流带来了大量软体动物，这些动物遇冷后死亡，它们的贝壳沉积下来。与此同时，来自极地的寒流在这里遇暖，把从格陵兰岛海岸带过来沙子、鹅卵石、小块岩石等物质沉入海底。这些物质使这里的地势逐渐升高，最后形成了海底高原。

下面我们来了解一下神奇的北极。对于勇敢的人来说，危险就是一种巨大的诱惑。长期以来，一些勇敢的科学家为了研究而不断来到北极探险，甚至是在寒冷的冬天。他们不顾随时可能会出现的危险，在北极地区不断挑战着人类的极限。在这些勇敢的人里面，我们要特别讲述的是约翰·富兰克林的故事。1847 年，他和他的同伴在北极失去了宝贵的生命，他的两艘船——"埃列巴士号"和"特罗尔号"也永远消失了。此外还有凯恩，相比之下他就比较幸运了，他的功勋在地图上被记载下来。格陵兰岛最南端的海峡是进入极地海域的必经之路，这里被称为"费尔韦尔角"，好像穿过这里就说明要跟自己的生命说再见了。即使是最大胆的人，到了这么危险的地方也会惶恐不安。

有时在海面的冰层中间会有船只通行的通道，船只在这狭窄的通道里小心翼翼地前进，即便如此，还有可能被海底冰山撞到。霜冻也是非常危险的，有时它会将船只紧紧冻住，让船只动弹不得了。在这种情况下，船只和船上的人就被会困在那里，时间从几天到几周不等，有时会长达数月之久，如果没有外界救援，他们大多数时候只有死路一条。在大自然面前，人类的力量是那么的弱小。

在周围冰体的巨大压力下，船身会被挤压的吱嘎作响，很多船都会因抵不住这么大的压力而分崩离析。所以，这时候最英明的选择是下船步行。然而弃船也不一定意味着能活下去，因为此时的气候条件非常恶劣，眼前是一望无际的冰雪，到处充满了绝望。

不要以为在陆地上就会非常安全了，冬天的极地会一连几个月都看不见太阳，呼啸的北风肆虐，气温也降到零下四十几摄氏度。即使身上包满了厚厚的棉衣，脚上穿着最厚的雪地鞋也难以抵挡大风和低温。这里的人来到户外就立刻被冻得浑身发抖，他们只能在微弱的光亮中活动。在数个月的时间里，人们过着分不清午夜和正午的生活。第一个经历这种生活的人，肯定会以为自己被带到某个神秘的世界里了。

在这样的环境里，即使是大自然也不免会忧伤起来。然而有一个忠诚的仆人却能忍受这无边的黑暗和刺骨的寒冷，这个忠诚的仆人就是爱斯基摩犬，它们是生活在这里的居民的忠实伙伴。这些爱斯基摩犬夏天住在帐篷里，冬天则搬进冰块砌成的小屋里。它们的主要用途是拉雪橇，狗群会在头狗的带领下拉着生活必需品在风雪中勇敢地向前奔跑。风雪吹在人脸上，皮肤会被冻裂，皮肤下的血管似乎也被冻住了。皮肤的颜色先是变蓝，随后变得灰白，最后失去知觉。所以，一定要每隔一会儿就摩擦身体，使血液不断地流通。从鼻子里呼出的气体也会在鼻子下方冻成冰针，睫毛冻得粘到一起，使人无法睁眼，胡子也会被冻在衣服上，走路的人会像喝醉了一样步履蹒跚。

为了活下去，再冷也要先盖一间房子。这种房子四周的墙壁是用雪块垒成的，房顶用一大块冰做成。只有钻进这个房子里后，冒险家们才有时间开始用酒精灯

地球的奥秘

化开一条鱼吃掉，然后让自己疲惫的身躯能够好好休息一夜。当外面传来抖动的声音时，大家就该起床了，这种抖动的声音是爱斯基摩犬发出的，它们醒来后要把身上的雪抖掉。主人给它们一些食物后，它们就被套上拉雪橇的绳索，新一天的旅程就这样开始了。

这些人会到达北极吗？想想半路上可能会遇到的危险，这个任务就会变得不太可能完成了。在途中的任何一天，都可能会出现危险的情况，特别是低温可能会把人冻住，也可能会出现雪橇犬被冻死或食物不够吃的情况。人们不知道哪顿饭会用骨头的残渣和油脂充饥，也不知道脚下的路什么时候会突然变得脆弱。在陆地上的时间比较少，大部分时间是在冰冻的海面上度过的，不一定什么时候脚下就会出现一个大洞，把人和狗吞进冰冷的海水中再也无法爬上来。

目前还没有任何人征服北极点。[1] 1854 年，以凯恩为首的美国探险队开始向北极前进，他们乘坐的"前进号"被冻住了，于是这些人带着爱斯基摩犬继续往前走。他们发誓，即使团队只剩下一个人也要完成任务。当探险队经过长途跋涉来到距离北极约有 800 千米的地方时，他们发现了一件神奇的事情：一片广阔的海洋出现在眼前，无数海鸟在海面上空盘旋，这些海鸟里有海鸥、天鹅，更多的是叫不出名字的鸟类。除了海鸟还有其他动物，比如海豹和各种鱼类。总之，这里是一片生机勃勃的景象。

这种情形是大家之前没有想到的，在这片一望无边的海洋上，没有冰山和冰原，只有不断翻腾的海浪，即使是大风刮过，也不会有浮冰被吹来。种种迹象说明这片海洋不但面积广大，而且也很深。要是他们的船不在半路上被冻住，那么探险队一定会在这片广阔的海洋上继续前进。虽然这片海洋周围可能都是冰雪，但他们很可能成为第一批到达北极点的人。

相比北极，我们对南极的了解更少。这是一片幅员辽阔的土地，在大部分区域，厚厚的冰层下面是坚硬的花岗石。人类开发和利用的只有维多利亚岛、路易斯·菲利普岛和阿德利岛等少数地方。其中，路易斯·菲利普岛和阿德利岛是被法国海军迪尔莫尔分别在 1838 年和 1840 年发现的。迪尔莫尔是一个勇敢的人，他勇敢地和南极的冰山搏斗并最终取得了胜利，他是这样描述这片土地的：

---

[1] 译者注：这本书是在 1909 年皮尔里到达北极点之前写完的。

这里让你从内心感到恐惧，我感受最深的就是人类在大自然面前的渺小。这是一片真正的死亡之地，到处充满了寂静、冷漠和悲伤，恐怖的气氛仿佛要毁掉一切。放眼望去，我们只能看到一片白色，地表到处是几十米高的巨大冰山。透过周围永不散去的白雾，我们看不清这些像大理石一样坚硬的冰墙，只能看到它们带着浅浅的灰白色。如果是阳光灿烂的白天，你会在冰雪中发现极其耀眼美丽的光芒。冷酷的冰雪是这片大地的主宰，静静飞过的海鸟是仅存的生命，偶尔也会传来鲸鱼拍打海水产生的回音。有时一些海豹会爬到冰面上，它们发出的叫声使这片土地显得更加寂静了。

　　我们的船队由"星盘号"和"则黎号"两艘单桅帆船组成，穿过布满悬崖的海峡，我们仿佛置身用大理石砌成的狭窄的街道上。船身两侧是垂直挺立的冰墙，它们的高度甚至超过了桅杆。行驶在巨大的冰山下，我们的船也变得非常渺小了，船体好像变得一下就能被捏碎，我们都从心底里感到害怕。冰山下部是一个个大洞，大量的海水从洞里涌出，阳光被冰山折射出奇妙的光影效果。指令发出的声音在冰面中不断折射，传出无数次回声，这个被冰雪统治了上万年的世界终于重复了人类的声音。

　　由于冰墙上随时可能掉下冰块，所以我们行驶得非常小心，一小时后我们才穿过这里。最后我们看到一个巨大的海盆，海盆周围是几乎透明的冰山，有一侧是被高约 1 千米的冰层覆盖的海岸。阳光照在白色的冰层上，冰层发出令人炫目的光芒。这就是南极大陆上的阿德利岛，我们一边忘我地欢呼一边把旗帜插下。

　　在冰层断崖边可以看到岩石层，这说明迪尔莫尔等人发现的是一个极地大陆，而且这片大陆绝大多数地方都被厚厚的冰雪覆盖。1841 年，英国人罗斯等来到南极并对此地进行更深入的探险。他们发现了特罗尔火山和埃里伯斯火山。埃里伯斯火山的高度约有 3 750 米，当时这座火山正处于活跃期，岩浆在火山口里剧烈运动，散发出耀眼的光芒。